PHYSIOLOGIE

ET

CULTURE DU BLÉ

Coulommiers. — Imp. P. Brodard et Gallois.

PHYSIOLOGIE

ET

CULTURE DU BLÉ

PRINCIPES A SUIVRE
POUR EN DIMINUER LE PRIX DE REVIENT

PAR

EUG. RISLER

Directeur de l'Institut agronomique
Membre de la Société nationale d'Agriculture
et du Conseil supérieur de l'Instruction publique

Ouvrage contenant 24 figures

PARIS

LIBRAIRIE HACHETTE ET Cⁱᵉ

79, BOULEVARD SAINT-GERMAIN, 79

1886

[illegible]

[illegible]

[illegible]

[illegible]

[illegible]

PARIS

[illegible]

TABLE DES MATIÈRES

PRÉFACE

Que nos blés soient protégés par des droits d'entrée plus ou moins forts sur leurs concurrents étrangers, que cette protection soit plus ou moins efficace (et, pour ma part, je doute qu'elle puisse faire monter le prix moyen sur nos marchés de plus de 1 à 2 francs par quintal, même avec un droit de 5 francs), il faudra, dans tous les cas, que nous arrivions à faire des blés dont le prix de revient ne dépasse pas le prix de vente.

Le pouvons-nous? — Oui.

Je connais des fermes où le prix de revient du blé est de plus de 25 francs par quintal, mais j'en pourrais citer également, et j'en citerai, où ce prix de revient n'est que de 14 à 15 francs. Ces dernières ont-elles un privilège spécial sous le rapport du sol et du climat? — Non, et, du reste, si elles avaient un tel privilège, le prix ou le loyer de leurs terres seraient probablement d'autant plus considérables. Le blé y coûte moins cher parce qu'on y emploie des procédés de culture qui fournissent des récoltes plus abondantes avec des dépenses relativement plus modérées.

Quels sont ces procédés?

Je vais essayer de les décrire aussi clairement que possible, et je serai heureux si ce petit livre peut contribuer à relever chez nos agriculteurs le courage abattu par les difficultés de la crise que nous traversons.

La science des ingénieurs, en abaissant le prix des transports, a facilité la concurrence que nous font les blés étrangers. La science des agronomes doit chercher à rétablir l'équilibre, en nous apprenant à produire à meilleur marché.

Paris, le 29 novembre 1885.

LA
CULTURE DU BLÉ

CHAPITRE PREMIER

Le climat.

Nous n'avons aucun pouvoir sur le climat, nous sommes obligés de l'accepter tel qu'il est dans les pays où nous pratiquons l'agriculture; mais il est utile de connaître à la fois ce climat et les conditions de température, de lumière et d'humidité qui sont les plus favorables à la végétation du blé, afin de pouvoir y conformer nos procédés de culture et choisir les variétés qui s'y adaptent le mieux, au besoin même pour savoir renoncer, dans certains cas, à faire du froment et employer nos terres à des productions qui donnent plus de bénéfice.

En thèse générale, on peut dire que dans presque toute l'Europe la température permet la culture du blé; cette culture ne devient impossible que dans le Nord de la Norvège, de la Suède et de la Russie et, dans les autres pays, sur les montagnes les plus élevées et les plus froides. Quant aux pluies, elles sont plus régulièrement réparties en Europe que dans les autres parties du monde. Grâce à la petite surface qu'elle a proportionnellement aux mers qui l'entourent et grâce aux nombreux golfes qui découpent son continent, l'Europe est beaucoup moins exposée que le nord de l'Amérique, les Indes orientales et l'Australie à avoir des sécheresses assez persistantes pour compromettre ses récoltes de blé; la Russie seule ressemble sous ce rapport à nos autres concurrents.

Après cette réflexion rassurante, donnons un peu plus de détails sur les conditions de température, de lumière et d'humidité qu'exige la culture du froment :

Chaleur et lumière. — « Toutes les plantes, dit M. Charles Martins, n'entrent pas en végétation à la même température : ainsi, chez les unes, la sève commence à monter lorsque le thermomètre est à quelques degrés seulement au-dessus de zéro; d'autres ont besoin d'une chaleur de 10 à 12 degrés; celles des pays chauds exigent une température de 15 à 20 degrés. En un mot, chaque plante a son thermomètre dont le zéro correspond au minimum de température où sa végétation est encore possible. » Pour le blé, ce zéro, cette *température initiale*, comme on l'appelle également, est, d'après MM. de Candolle et Hervé Mangon, d'environ + 6°.

Dans une ferme que j'ai cultivée depuis 1857 à Calèves, près de Nyon, sur les bords du lac de Genève, j'ai suivi, pendant plusieurs hivers, avec attention, le développement d'un certain nombre de plantes de blé, que je dessinais et mesurais de temps en temps. Je n'ai jamais pu constater un accroissement quand la température de l'air, à l'ombre, n'avait pas été, au moins pendant quelques jours de suite et chaque jour au moins pendant quelques heures, à + 6 degrés. Quelquefois, il est vrai, certaines variétés de blé montrent des traces de végétation pendant des jours d'hiver où la température moyenne n'arrive qu'à 5 degrés; par exemple, dans la première moitié de janvier 1873, du blé bleu ou de Noé a poussé sa cinquième feuille, et la quatrième s'est allongée de

0^m,007, bien qu'il n'y eût que trois jours où la moyenne ait atteint 5 degrés. C'est que ces moyennes provenaient de minima inférieurs à zéro et de maxima de + 8 degrés, + 9 degrés, quelquefois même de plus de + 10 degrés. Des journées de ce genre, avec ces alternances de gel pendant la nuit et de coups de soleil pendant le jour, sont désastreuses pour le blé, malgré les traces de vitalité qu'il paraît reprendre pendant les heures les plus chaudes. Il se déchausse : quelquefois les feuilles sont coupées par la glace qui se forme pendant la nuit à la surface du sol dégelé pendant le jour. La température initiale du blé est donc bien + 6 degrés; elle me paraît même être plus élevée pour certaines variétés originaires de l'Angleterre et pour le blé hybride Galland.

D'après cela, pour déterminer la somme de degrés de température nécessaires pour la maturité du blé, j'ai, suivant l'exemple de MM. A. de Candolle et Hervé Mangon, additionné toutes les températures moyennes de + 6 degrés depuis le jour de l'ensemencement jusqu'à la moisson. Voici les résultats que m'ont donnés dix années d'observations pour du blé de Noé :

ANNÉES	ÉPOQUES		SOMMES DES TEMPÉRATURES MOYENNES SUPÉRIEURES A 6 DEGRÉS		JOURS DE VÉGÉTATION DE PLUS DE 6 DEGRÉS	PROPORTION DES JOURS CLAIRS	PLUIE OU NEIGE	ÉVAPORATION PAR JOUR	SOMMES DES TEMPÉRATURES DU SOL		RÉCOLTE PAR HECTARE
	des semailles.	de la moisson.	pour fleurir.	pour mûrir.					à 0ᵐ.10 de profondeur.	à 1 mèt. de profondeur.	
			Degrés.	Degrés.		P. 100.	Millim.	Millim.			Hectol.
1866-1867.	9 octobre.	15 juillet.	1.422.25	2.068.81	158	44	1.007.82	1.88	?	?	18
1867-1868.	5 —	10 —	1.293.95	2.033.35	158	48	500.20	1.69	?	?	21
1868-1869.	10 —	20 —	1.340.55	2.214.55	170	54	783.77	1.85	?	2.490.2	34
1869-1870.	6 —	10 —	1.237.15	2.015.20	149	59	440.70	1.14	?	2.083.1	27
1870-1871.	11 —	30 —	?	2.195.35	173	49	834.65	1.95	?	2.338.7	33
1871-1872.	27 sept.	21 —	?	2.084.40	169	43	732.39	1.74	?	2.374.9	24
1872-1873.	13 octobre.	20 —	?	2.213.15	183	44	785.16	1.58	2.334.12	2.465.7	22
1873-1874.	22 sept.	15 —	?	2.317.70	176	55	545.27	1.84	2.493.13	2.366.8	36
1874-1875.	15 octobre.	20 —	?	2.069.35	146	62	756.15	1.98	2.287.33	2.156.8	18
1875-1876.	25 —	21 —	?	2.129.65	171	49	941.77	1.41	2.148.63	2.183.6	21
Moyennes............			1.323.47	2.134.15	165	50.8		1.70	2.315.80	2.307.4	25.4

Dans le département de la Manche, à Sainte-Marie du-Mont, M. Hervé Mangon a trouvé une moyenne de 2365 degrés, c'est-à-dire 231 degrés de plus qu'à Calèves.

Cette différence s'explique par la différence entre le climat maritime de la Normandie et le climat continental de l'Est de la France. En Normandie, les hivers sont plus doux, et par conséquent on y trouve plus de journées où la température moyenne dépasse + 6 degrés. D'un autre côté, les étés y sont moins chauds; la maturation s'y fait plus lentement, et la moisson arrive environ trois semaines, quelquefois quatre semaines plus tard. Enfin, les températures additionnées sont des températures moyennes de l'air, à l'ombre; elles sont moins élevées que les températures du soleil, qui agissent réellement sur les récoltes. Mais l'erreur qui provient de là est moins grande sous le soleil souvent brumeux de la Normandie et presque au niveau de la mer, que dans l'intérieur du continent et à une altitude de 420 mètres.

Comme l'a déjà montré M. A. de Candolle, la durée de la végétation des céréales est plus courte dans les contrées orientales que dans les contrées occidentales.

Pour tenir compte aussi bien que possible de la chaleur directe du soleil, j'ai additionné, pour les années 1872 à 1876, les moyennes de température du sol à 0^m,10 de profondeur, et j'ai trouvé 2315°,80 pour la période de végétation du blé.

La terre, à 1 mètre, n'a de rapports directs avec le blé que par les racines qui s'étendent jusqu'à cette profondeur. Cependant, les variations de température de quelque importance qui agissent à la surface du sol se font sentir, au bout de quelques jours, jusqu'à 1 mètre de profondeur, et s'enregistrent, sur le thermomètre qui s'y trouve placé, en moyennes très précises, d'autant plus fortes que l'insolation a été plus considérable à l'extérieur, d'autant plus faibles que la chaleur solaire a eu plus d'humidité à évaporer. Il n'est donc pas sans intérêt de savoir quelles sont les sommes de température du sol, à 1 mètre, correspondantes à la période de végétation du blé. Je les ai données dans le tableau ci-dessus pour huit années, de 1868 à 1876. La moyenne a été de 2307°,2. La somme la plus plus forte a été atteinte dans l'année 1868-69, pendant laquelle l'hiver a été très doux.

Sur ces 2134°,5, qui forment la moyenne totale, il y en a 140 à 160 qui ont été nécessaires pour la levée du blé. Quand l'humidité est suffisante, il faut de 82 à 85 degrés au blé recouvert seulement de quelques millimètres de terre, et de 10 à 12 degrés de plus environ pour chaque centimètre de profondeur à laquelle il est enterré. Ensuite, suivant que les jours sont plus ou moins longs et plus ou moins clairs, il faut de 90 à 120 degrés de chaleur pour former chaque nouvelle feuille. Ainsi, pour le blé de Noé, il faut, en mai, six à huit jours pour la formation d'une feuille, c'est-à-dire quatre-vingt-dix à cent vingt heures de lumière et de chaleur au-dessus de + 6 degrés; dans les rares et courtes journées de décembre et janvier, où le blé donne des signes de végétation, il faudrait dix-huit jours, soit 18×9 ou cent soixante-deux heures de lumière et de chaleur. Cela prouve qu'à temps égal la lumière et la chaleur ont, en hiver, moitié moins d'effet utile dans le développement du blé qu'au printemps.

La plupart des auteurs qui ont décrit le blé disent qu'il n'a que quatre ou cinq feuilles et autant de nœuds, au plus six, par tige. Quand l'épi est mûr ou près de mûrir, il n'y a, en effet, que quatre à cinq feuilles encore visibles, mais il y en a toujours eu davantage. Les premières feuilles formées, soit avant l'hiver, soit au printemps, sont pourries ou déchirées et ont disparu. Des observations attentives et souvent répétées m'ont montré que, suivant les variétés, suivant la fertilité de la terre et le nombre de nœuds qui sont restés près de la surface du sol pour former des racines et des tallages, suivant les conditions météorologiques de l'année, il se développe successivement sur la tige du froment de sept à onze feuilles, en moyenne neuf. Chacune de ces feuilles exigeant de 90 à 120 degrés de température, cela fait un total de 810 à 1080 degrés pour cette période herbacée de la végétation du blé.

Quand la température moyenne dépasse 10 degrés avec des maxima de plus de 15 degrés, le blé s'allonge, les feuilles se séparent et s'étagent les unes au-dessus des autres, en laissant entre elles des intervalles de tiges de plus en plus longs : le blé *monte*.

Les feuilles sont d'autant plus longues et plus larges que la lumière est plus abondante. En plein champ, leur surface atteint une moyenne de 76 à 77 centimètres carrés par tige. Elle n'a été que de 44,5 centimètres carrés pour du blé qui végétait dans une serre éclairée seulement du côté sud; ce blé avait une terre fertile, suffisamment de chaleur et d'eau, mais il recevait moins de lumière que celui de grande culture. Toutes ses feuilles, longues et minces, se trouvaient du même côté de la tige, et cette tige, trop faible pour se soutenir, était coudée à sa partie inférieure; il offrait tous les caractères de l'étiolement qui, en plein champ, l'aurait fait verser; il n'avait, de plus, aucun tallement.

Pour l'épiage et la floraison, il faut encore 200 à 270 degrés de chaleur; enfin, pour la maturation, 780 à 840 degrés.

En résumé, il faut :

Pour la levée.........	140 à 160°,	en moyenne	150°
Pour former les feuilles.	810 à 1,080°	—	945°
Pour l'épiage et la floraison	200 à 270°	—	235°
Pour la maturation...	780 à 840°	—	810°
Total...........	1,930 à 2,350°,	en moyenne	2,140°

Ainsi la floraison et la maturité du blé surviennent quand la somme des températures moyennes atteint une valeur déterminée pour chacune de ces phases; et la quantité de matériaux qu'il s'assimile pour son travail d'organisation dépend, comme l'a montré M. Marié-Davy par les expériences qu'il a faites à l'observatoire météorologique de Montsouris, de la somme de lumière que la plante reçoit. « Ce n'est point, dit-il, la chaleur qui produit la transpiration des feuilles, leur action réductrice sur l'acide carbonique de l'air et tout le travail intérieur qu'on nomme *assimilation*. La source de ce travail est exclusivement dans les rayons solaires directs ou diffusés dans l'atmosphère. Le rendement, la récolte est fonction de la lumière. Une chaleur insuffisante ne fera que retarder l'épiage ou la floraison; mais, pendant toute la durée de cette phase préparatoire, la lumière plus ou moins vive continuera de frapper la plante et de favoriser son assimilation. Une fois la floraison produite, la plante, qui jusque-là avait préparé ses réserves, travaille à les accroître encore, mais elle travaille surtout à les employer au développement du grain. Il est donc possible dès l'époque de la floraison du blé d'apprécier d'une manière approximative quelle sera la valeur finale de la récolte pendante. »

Une sécheresse trop grande du sol et une chaleur trop forte peuvent encore empêcher les matériaux qui se sont accumulés dans la tige de se concentrer dans l'épi et de nourrir le grain; mais, en comparant les quantités de blé récoltées par hectare avec la somme des degrés de lumière reçus par le blé jusqu'à l'époque de la floraison, M. Marié-Davy a constaté que l'abondance de la récolte correspond, en général, assez exactement à l'abondance de la lumière.

Du reste, les diverses variétés de blé ne demandent pas toutes les mêmes proportions de chaleur et de lumière.

Chaque région a, pour faire son pain, des races spéciales qui se sont formées par une longue sélection et qui sont en quelque sorte l'expression de son climat; et c'est précisément grâce à ces nombreuses variétés que le blé peut être cultivé sur une aire géographique si vaste et fournir à une grande partie du globe son aliment le plus précieux.

Les blés durs sont les blés des pays chauds. On les cultive surtout dans le Sud de l'Italie et de l'Espagne, en Algérie, en Égypte, etc. Les poulards supportent mieux que les blés tendres les extrêmes, soit du froid en hiver, soit de la chaleur en été. Les blés tendres sont cultivés principalement dans les régions tempérées et dans les hautes latitudes; mais ils se divisent en un grand nombre de variétés dont les unes conviennent à tel climat et les autres à tel autre, les blés sans barbe dans les plaines fertiles, les blés barbus dans les pays de montagnes, où ils passent pour plus rustiques, et dans les endroits exposés à de grands vents à l'époque de la maturité, parce que les barbes des épis font ressort et les garantissent des chocs mutuels qui égrèneraient des épis sans barbe. (Vilmorin.) Certaines variétés mûrissent tard, comme le blé blanc de Flandre, et conviennent surtout aux contrées de l'Ouest, parce que les étés n'y sont pas assez chauds pour arrêter le grain dans son développement. Par contre, les pays secs de l'intérieur des continents veulent des variétés qui puissent, par une maturation plus hâtive, échapper aux risques de l'*échaudage*, par exemple le blé roseau, le blé bleu ou de Noé. Le rouge d'Écosse, le Hunter, le blé de Crépi, le blé Shireff, etc., supportent les hivers les plus rigoureux, tandis que la Richelle blanche de Naples, le Talavera, etc., ne conviennent qu'au Sud de la France.

Quelques variétés de blé, par exemple le blé bleu ou de Noé, peuvent se semer indifféremment soit en automne, soit au printemps. D'autres sont franchement ou blé d'automne, ou blé de printemps. Lorsqu'on essaye de semer les premiers au printemps, on risque de n'obtenir aucun grain; ils ne montent pas, et d'autant moins que la semence a été tirée d'un pays où les hivers sont plus froids. Par contre, si l'on sème un blé de printemps en automne, on a beaucoup de chance de le perdre par les gelées. Cependant il est possible de transformer peu à peu, après une série plus ou moins longue d'années, certains blés d'hiver en blés de printemps ou réciproquement.

Une même variété peut à la longue s'adapter au climat dans lequel elle est cultivée et modifier ses habitudes suivant les exigences de ce climat. Quand elle est transportée sous un autre climat, elle conserve encore pendant quelques années les habitudes qu'elle avait prises, mais peu à peu elles disparaissent.

Ainsi M. le professeur Schübeler, à Christiania, a constaté que les graines de blé tirées de l'étranger, c'est-à-dire de contrées plus méridionales que la Norvège, sont toujours moins précoces que les graines de même variété récoltées dans le pays. Du blé de Toscane et du blé Victoria venus d'Angleterre ont été comparés avec le blé du pays. Tous trois ont été semés en mai et ont employé pour arriver à maturité :

```
Le blé de Toscane............  105 jours.
Le blé Victoria.............   97   —
Le blé du pays.............    90   —
```

Réciproquement, d'après les observations de M. Tisserand, du blé dont les semences venaient de Norvège a mûri à la ferme de Joinville-le-Pont, près de Paris, vingt-neuf jours plus tôt que le blé de mars des environs de Paris. Mais peu à peu cette avance a diminué; le blé norvégien, en s'acclimatant, a pris les allures de celui des environs de Paris.

Sous les hautes latitudes de la Norvège, les journées d'été sont beaucoup plus longues qu'en France, et, par conséquent, chaque jour de végétation représente, comme le dit M. Tisserand, un plus grand nombre d'heures de *travail*. En multipliant ce nombre d'heures de travail par la température moyenne, il a trouvé pour le blé de printemps :

29,900 en Alsace, sous le 48° 1/2 de latitude.
29,845 à Rambouillet, — 48° 1/2 —
27,643 à Christiania, — 59,9 —
26,848 à Bodö, — 67° —
26,600 à Skibotten, — 70° —

« Il faut donc admettre, ajoute notre savant ami, que les plantes cultivées dans les hautes latitudes sont douées d'une activité de végétation bien plus grande que celles des pays méridionaux, qu'elles utilisent mieux le calorique solaire, qu'elles ont une puissance d'assimilation plus énergique, qu'elles donnent, en un mot, un effort utile plus grand. » Et il explique cette différence d'une façon fort ingénieuse, en comparant les nuits pendant lesquelles la décomposition de l'acide carbonique et toute l'activité de l'assimilation sont interrompues, aux points d'arrêt d'un train de chemin de fer. Dans les hautes latitudes, ces points d'arrêt sont très courts, et la végétation progresse avec la vitesse d'un train express, tandis que dans nos pays le blé a les allures plus lentes des trains omnibus.

Il est souvent bien difficile de dire exactement où une variété finit et où une autre commence. Le colonel Lecouteur (de Jersey), qui avait une collection de blés très célèbre, raconte que, dans un de ses champs qu'il considérait comme ensemencé tout entier d'une même variété de blé, le professeur La Gasca réussit à trouver 23 variétés. Cela prouve que M. le professeur La Gasca avait une classification beaucoup plus détaillée et plus minutieuse que celle du colonel Lecouteur ; elle était sans doute beaucoup trop minutieuse. Mais cela montre aussi que, dans un même champ, il y a un certain nombre de variétés ou sous-variétés plus ou moins distinctes. Ces différences, d'abord imperceptibles, tendent à s'accentuer sous certaines influences, et il se forme peu à peu de véritables variétés là où il n'y avait que des différences individuelles. Les individus les mieux adaptés au sol et au climat se multiplient plus que les autres et prennent peu à peu le dessus ; au bout de quelques années ils sont en majorité, et la variété a pris de nouveaux caractères, ou il s'est formé une nouvelle variété.

Nous reviendrons sur ces faits quand nous aurons à nous occuper du choix des variétés. Pour le moment, nous en sommes à étudier les conditions générales de la végétation du blé. Continuons :

Humidité. — D'après mes observations, le blé, à raison de 565 tiges par mètre carré, a dans ses feuilles une surface d'évaporation ou de transpiration dix fois plus grande que le terrain qui le porte, et consomme en moyenne par jour de 2,67 à 2,8 millimètres de hauteur d'eau, un peu plus au printemps, un peu moins en été. Or il tombe en moyenne sur mes champs (à Calèves, près du lac de Genève) 258 millimètres d'eau pendant les mois de mars, avril, mai et juin, période active de la végétation du froment ; cela ne fait guère plus de 2 millimètres par jour. Il faut donc que mon blé trouve, pour suffire à ses besoins, dans le sol un supplément d'humidité, provenant des pluies et neiges de l'hiver, et que la terre ait un pouvoir absorbant assez grand pour retenir cette humidité. De l'autre côté des montagnes du Jura, à l'Ouest, où les pluies sont beaucoup plus considérables, le blé risque rarement de manquer d'eau, même dans les terres légères ; il risque plutôt d'en avoir trop dans les terres fortes.

En Autriche, Haberlandt n'a trouvé pour la transpiration du blé de printemps que 1^{mm},18 par jour, mais il ne comptait qu'un million de plantes de blé par hectare, chiffre qui est évidemment beaucoup trop faible.

Non seulement l'eau sert à former, en s'unissant au carbone tiré de l'atmosphère, la cellulose, l'amidon, etc., de la plante, mais elle y amène les matières azotées et minérales qu'elle dissout dans la terre. D'après les recherches de MM. Lawes et Gilbert, il y a, pour 100 000 grammes d'eau transpirée par le blé, 404 à 485 grammes de matière sèche formée, et cette matière sèche contient de 32 à 57 grammes de matières minérales. La quantité d'eau consommée relativement à la matière sèche produite est d'autant plus grande que le sol est moins fertile, mais il y a toujours 2000 grammes d'eau transpirée pour 1 de matière sèche et toujours au moins 3100 grammes d'eau transpirée pour 1 de matière minérale introduite. On voit que cette eau, qui arrive dans les plantes chargée d'acide carbonique, suffit amplement pour dissoudre toutes les substances minérales nécessaires au blé, même le phosphate de chaux, qui est de toutes ces substances la moins soluble.

M. Hellriegel, en Allemagne, a trouvé que le blé de printemps transpire 338 grammes d'eau pour former 1 gramme de matière sèche, soit 100 000 grammes d'eau pour moins de 300 grammes de matière sèche. C'est une consommation d'eau encore plus considérable que celle qui résulte des expériences de MM. Lawes et Gilbert.

D'après M. Marié-Davy, directeur de l'observatoire météorologique de Montsouris, la transpiration est d'autant plus grande que la terre dans laquelle végète le blé est moins fertile. « Avec l'aide du soleil, dit-il, l'eau peut, dans une certaine mesure, suppléer à l'engrais; et de même l'engrais, quand il est bien adapté à la terre, peut, dans une certaine mesure, suppléer à l'eau, en ce qu'il permet de rendre plus profitable l'eau dont la plante dispose. »

La transpiration des plantes est d'autant plus grande que ces plantes sont plus jeunes, comme le montrent les recherches suivantes dues à Haberlandt. Le regretté professeur de l'École supérieure d'agriculture de Vienne a mesuré la surface d'évaporation des feuilles, le rapport entre le poids des racines et celui des feuilles et les quantités d'eau transpirées par jour pour des plantes de blé avant l'épiage, avant et après la floraison :

	SURFACE DES PLANTES		NOMBRE DES STOMATES SUR LA FACE INFÉRIEURE DES FEUILLES	RAPPORT ENTRE LE POIDS SEC DES RACINES ET CELUI DES PARTIES EXTÉRIEURES	QUANTITÉ D'EAU TRANSPIRÉE PAR JOUR ET PAR CMQ DE SURFACE
	1 cmq	2 cmq	par mmq		
					grammes.
a. Jeunes plantes avant l'épiage.	76	97	111	1 : 0,673	5,136
b. Avant la floraison.........	154	283	95	1 : 4,943	2,802
c. Après la floraison.........	220	387	75	1 : 10,171	2,657

En général, la quantité de pluie est, dans le Nord et dans l'Ouest de l'Europe, suffisante pour les besoins de la végétation du blé. Mais, dans le Sud, la culture du blé de printemps devient impossible, et, à mesure que l'on se rapproche de l'Équateur, l'irrigation devient nécessaire pour suppléer, dans les terres légères surtout, à l'humidité que l'atmosphère ne peut plus fournir. A Cavaillon, en Vaucluse, et dans quelques localités de la Provence, on arrose le blé dans les terrains à sous-sol perméable. On donne quatre arrosages : le 1er avant les semailles, le 2e en avril, quand la température moyenne atteint 12°, le 3e pendant la floraison, le 4e quelques jours après.

CHAPITRE II

Le sol et les engrais.

1. Composition chimique de la récolte de blé. — D'après M. Boussingault, un grain de blé contient en moyenne :

Amidon..................	59,7 p. 100
Substances protéiques....	14,6 —
Dextrine et glucose.......	7,2 —
Matières grasses..........	1,2 —
Celluloses et congénères..	4,7 —
Matières minérales........	1,6 —
Eau	14,0 —
	100,0 p. 100

M. Boussingault a fait l'analyse d'un blé récolté à Haguenau, en Alsace, et de la paille correspondante. En comptant 200 de paille pour 100 de grain, il a trouvé :

	Grain.	Paille.	Total.
Carbone...............	46,40	96,96	143,06
Hydrogène	5,80	10,68	16,48
Oxygène	43,40	76,58	119,98
Azote	2,29	0,70	2,99
Acide sulfurique....	0,02	0,14	0,16
Acide phosphorique.	1,14	0,44	1,58
Chlore...............	Traces	0,08	0,08
Chaux...............	0,07	1,18	1,25
Magnésie...........	0,39	0,68	1,07
Potasse	0,73	1,28	2,01
Soude..............	Traces	0,04	0,04
Silice..............	0,06	9,42	9,48
Fer et alumine	0,00	0,14	0,14
Pertes..............	»	1,68	1,68
	100,00	200,00	300,00

D'un autre côté, M. H. Joulie a cherché à déterminer la composition chimique des récoltes de 40 hectolitres obtenues dans cinq fermes de la Brie.

BLÉS DE GRANDE CULTURE

COMPOSITION DES 1000 KILOS DE RÉCOLTE SÈCHE (GRAIN ET PAILLE)

	N° 1 GHIDDAM	N° 2 AUSTRALIE	N° 3 VICTORIA	N° 4 NOÉ	N° 5 BORDEAUX	N° 6 KISSINGLAND	N° 7 GHIDDAM	N° 8 GOLDENDROP	ÉCARTS ABSOLUS	ÉCARTS POUR 100 DU MAXIM.	MOYENNES
Azote............	11.75	11.01	15.10	14.76	12.64	11.01	14.12	12.68	4.09	27.10	12.88
Cendres	61.50	75.00	48.69	63.00	66.56	247.90	66.88	75.25	199.21	80.36	89.35
Acide phosphorique.	5.08	3.15	8.86	5.00	4.59	5.58	4.40	4.58	2.43	43.55	4.53
Acide sulfurique....	2.08	2.05	5.53	3.46	3.15	2.14	2.82	2.02	1.51	42.77	2.66
Chaux............	3.45	3.41	3.07	4.22	3.49	3.26	4.71	3.18	1.64	34.82	3.60
Magnésie	1.60	1.32	1.79	1.54	1.55	2.13	1.96	1.36	0.81	38.03	1.66
Potasse...........	13.40	16.01	18.78	19.49	18.76	20.07	12.50	19.29	7.57	37.71	17.30
Soude	0.26	0.90	4.34	1.72	6.00	3.62	4.79	0.00	6.00	100.00	2.70
Oxyde de fer.......	0.48	0.52	1.39	0.51	1.50	1.62	1.15	0.51	1.14	70.37	0.95
Silice............	29.90	23.00	9.74	14.89	25.60	195.60	33.95	37.62	185.86	95.02	46.29
Azote............	10.49	11.21	13.01	11.76	11.99	10.08	13.58	11.77	3.50	25.77	11.73
Cendres	59.89	48.24	37.15	65.32	52.34	44.12	52.13	71.89	3.74	48.37	50.13
Acide phosphorique.	4.39	4.23	3.34	5.07	4.31	4.29	4.87	5.37	2.03	37.80	4.47
Acide sulfurique....	2.19	1.65	0.72	1.66	1.11	1.65	1.49	2.02	1.47	67.12	1.56
Chaux............	3.51	2.12	1.80	2.14	2.47	2.44	3.38	1.84	1.71	48.72	2.46
Magnésie	1.86	1.54	0.80	2.06	1.26	1.09	1.56	1.39	1.26	61.15	1.44
Potasse...........	10.28	5.78	3.47	4.37	6.09	4.76	4.12	5.86	6.81	66.24	5.59
Soude	0.00	0.00	0.00	3.77	1.19	0.00	2.24	3.20	3.77	100.00	1.30
Oxyde de fer.......	0.86	1.39	1.59	2.09	2.12	0.99	0.99	3.68	1.82	49.45	1.71
Silice............	26.74	26.80	22.29	41.00	53.30	22.59	26.06	45.06	22.77	50.53	30.48

En multipliant ces chiffres par les poids obtenus sur un hectare, on trouve qu'une récolte de 40 hectolitres doit renfermer dans ses graines et ses pailles :

En moyenne............ 4600 kilogr. de carbone.
De 85 à 109, en moyenne 92,6 kilogr. d'azote.
De 28 à 44,   —   37,0   —   d'acide phosphorique.
De 29 à 39,   —   25,2   —   de chaux.
De 8 à 16,   —   12,2   —   de magnésie.
De 80 à 162,   —   116,2   —   de potasse.

Où les plantes prennent-elles toutes ces substances? et comment pouvons-nous réussir à les augmenter et à récolter ainsi dix fois, vingt fois, même trente fois autant de matière que nous en avons confiée à la terre, quand nous y avons semé notre graine?

2. Alimentation de la plante. — L'atmosphère est un réservoir inépuisable d'acide carbonique. Sous l'influence de la lumière du soleil, cet acide carbonique se décompose dans les feuilles vertes et produit des glucoses qui d'abord descendent et s'accumulent dans la tige, puis se transforment, en fixant ou abandonnant quelques molécules d'eau, soit en cellulose et en ligneux qui permettent l'accroissement de la plante, soit en amidon, qui se concentre, après la floraison, dans la graine, et qui lui donne, avec le gluten azoté, sa grande valeur alimentaire. La lumière est une force qui, après avoir vaincu l'affinité naturelle que le carbone a pour l'oxygène, se conserve à l'état latent, à l'état d'*énergie potentielle*, comme disent les physiciens, dans la cellulose, l'amidon, etc., auxquels elle a permis de se former. Elle reste, en quelque sorte, emmagasinée dans les produits de la végétation, et nous pouvons la faire reparaître et l'employer à notre gré, suivant nos besoins, sous forme de chaleur ou de force, quand nous nous nourrissons de ce blé. La lumière condensée dans le bois ou la houille peut servir à chauffer nos locomotives; celle qui a été fixée par le blé peut recevoir un emploi plus utile et plus noble encore ; elle peut servir à nous réchauffer nous-mêmes ou à nous donner les forces qui nous permettent d'accomplir tous nos travaux, et entre autres ceux de l'agriculture. La richesse d'une récolte est proportionnelle à la quantité de carbone fixée par hectare.

Or un homme consomme, en moyenne, dans sa nourriture, 216 grammes de carbone par jour. S'il ne faut que 50 journées de travail pour labourer à bras, ensemencer et moissonner 1 hectare de blé, cela correspond à une dépense de 10 kilogr. 8 de carbone. Par conséquent, même avec une petite récolte de 10 hectolitres en sus de la semence, la force acquise par la culture d'un hectare de blé correspond à 239 kilogrammes de carbone et représente 22 fois celle qui a été dépensée ; avec une récolte de 20 hectolitres, l'augmentation est de 439 kilogrammes de carbone, soit 45 fois la force dépensée. D'après cela, il est facile de comprendre pourquoi l'origine de la culture des céréales se confond en quelque sorte avec celle de notre civilisation, et pourquoi son développement a toujours marché de pair avec celui de la population.

Mais, si le compte des dépenses et recettes de force montre un bénéfice considérable, il n'en est, hélas ! plus de même aujourd'hui avec les comptes des dépenses et recettes en argent. Aujourd'hui les salaires de l'ouvrier sont loin d'être proportionnels à la valeur du carbone qu'il consomme ; ils la surpassent de plus en plus, à mesure que le bien-être fait des progrès. Loin de nous en plaindre, nous devons nous en réjouir. Mais, comme cultivateurs, nous devons chercher à obtenir un produit net de nos fermes et, par suite, nous sommes forcés de remplacer autant que possible le travail des hommes par celui des animaux et des machines qui consomment du carbone sous une forme moins coûteuse que dans le pain. Il faut surtout arriver à augmenter le produit brut, c'est-à-dire l'assimilation du carbone de l'atmosphère. Comment pouvons-nous y parvenir ?

Par les engrais.

3. Théorie des engrais. — Pendant longtemps, on a considéré le fumier comme indispensable et impossible à remplacer.

La *théorie de l'humus*, qui était généralement adoptée jusqu'en 1830, admettait que les plantes se nourrissent principalement, sinon exclusivement, de ce mélange mal défini de matières organiques plus ou moins azotées et de matières minérales plus ou moins solubles qui se trouve dans la masse noire du fumier décomposé et de la terre végétale, et que l'on appelle *humus*.

Mais une série de recherches qui commença par Lavoisier et se continua par de nombreux observateurs (surtout Th. de Saussure), jusqu'à ce que leurs résultats fussent formulés dans la célèbre leçon sur la statique chimique des êtres organisés de MM. Dumas et Boussingault (1854), montra que les plantes tirent presque tout leur carbone de l'acide carbonique de l'atmosphère.

La *théorie minérale*. — Berthier, Sprengel et Liebig, etc., étudièrent les sels minéraux contenus dans les récoltes et leur origine. Liebig voulut trop vite passer de la théorie encore incomplète à l'application, et proposa son engrais minéral (fabriqué par M. Muspratt, à Liverpool), qui avait le grand défaut de ne contenir presque pas d'azote. Mais il n'en resta pas moins de ces tentatives l'indication du procédé de traitement des os par l'acide sulfurique, que M. Lawes, à Rothamstedt, appliqua le premier dans sa fabrique d'engrais des environs de Londres, qui fut la première et devint bientôt la plus importante de l'Angleterre.

Pendant que Liebig s'égarait un instant au milieu de ses brillantes découvertes, M. Boussingault poursuivait pas à pas, à l'aide de la balance et de l'analyse chimique, dans sa ferme de Bechelbronn, en Alsace, l'étude de tous les faits de la pratique. Il montra entre autres que, loin de trouver dans le sol ou de pouvoir absorber dans l'atmosphère assez d'azote pour donner de belles récoltes, les plantes aiment surtout les engrais riches en nitrates et en sels ammoniacaux.

« La décomposition du gaz acide carbonique par les feuilles, dit M. Boussingault dans ses belles recherches sur la végétation, est en quelque sorte subordonnée à l'absorption préalable d'un engrais fonctionnant à la manière du fumier de ferme ; cet engrais, indifféremment, peut être de l'ammoniaque, une matière organique putrescible, un nitrate ; il suffit que l'azote qu'il apporte soit assimilable, qu'il puisse, en un mot, concourir à la formation du tissu azoté du végétal. »

Puis M. Boussingault montre qu'une substance riche en azote assimilable ne fonctionne cependant comme engrais qu'avec le concours du phosphate de chaux et des sels alcalins et terreux indispensables à la végétation.

Il a établi le premier, dès 1855, que le salpêtre associé au phosphate de chaux et à des engrais alcalins agit comme un engrais complet et peut, comme le guano du Pérou, remplacer le fumier de ferme. « Il est bien remarquable, dit-il à la fin de son mémoire, de voir une plante parcourir toutes les phases de la vie végétale, germer et mûrir, en un mot atteindre son développement normal, quand ses racines croissent dans du sable calciné contenant, à la place de débris organiques en putréfaction, des sels d'une grande pureté, de composition parfaitement définie, tels que le nitrate de potasse, le phosphate de chaux, des silicates alcalins, et de constater que, au moyen de ces auxiliaires empruntés tous au règne minéral, cette plante augmente progressivement le poids de son organisme, en fixant le carbone de l'acide carbonique, les éléments de l'eau, et en élaborant, avec le radical de l'acide nitrique, de l'albumine, de la caséine, etc., c'est-à-dire les principes azotés du sang, du lait et de la chair musculaire. »

Après que les divers facteurs de l'engrais chimique complet eurent été ainsi étudiés un à un, il ne restait plus qu'à passer à la synthèse et à montrer qu'à la longue il est possible, jusqu'à un certain point [1], en plein champ et en grande culture, de remplacer le fumier de ferme par un engrais composé de sels ammoniacaux ou de nitrates, de superphosphates de chaux et de sels de potasse. C'est MM. Lawes et Gilbert, à Rothamstedt, en Angleterre, qui fournirent cette sanction définitive de la théorie par la pratique.

Pendant trente-deux ans, de 1852 à 1883, ces laborieux et persévérants agronomes ont cultivé du blé dans une première parcelle sans autre engrais que celui des pluies et des oiseaux du ciel, dans une deuxième avec des engrais minéraux seulement (224 kilogr. de sulfate de potasse, 112 kilogr. de sulfate de magnésie et 440 kilogr. de superphosphate de chaux à l'hectare), et dans les autres avec ces mêmes engrais minéraux complétés par des doses différentes de sulfate d'ammoniaque ou de nitrate de soude. Une dernière parcelle recevait chaque année 35 000 kilogr. par hectare de fumier de ferme, contenant 224 kilogr. d'azote, 188 kilogr. de potasse et 79^{kg},7 d'acide phosphorique. Voici le poids moyen des récoltes obtenues sur ces diverses parcelles pendant cette série d'années :

	GRAIN	PAILLE	RÉCOLTE TOTALE
	Kilogr.	Kilogr.	Kilogr.
1. Sans engrais.....................	862	1423	2285
2. Engrais minéral..................	1003	1640	2652
3. Engrais minéral, plus 48 kilogr. d'azote ammoniacal....................	1608	2814	4422
4. Engrais minéral, plus 96 kilogr. d'azote ammoniacal....................	2183	4223	6406
5. Engrais minéral, plus 144 kilogr. d'azote ammoniacal....................	2404	5078	7482
6. Engrais minéral, plus 96 kilogr. d'azote nitrique.....................	2570	5250	7820
7. Fumier de ferme (35 000 kilogr.)..	2251	4001	6252

1. Les engrais chimiques ne peuvent pas, comme le fumier de ferme, améliorer les propriétés physiques de certaines terres.

La parcelle 2, avec engrais uniquement minéral, n'avait à sa disposition, comme la parcelle 1, que les matières azotées fournies par les pluies et celles qui se trouvaient dans la terre à l'époque où les expériences ont commencé. Mais il paraît que les réserves laissées par les fumures antérieures étaient assez considérables, puisque cette parcelle a donné des récoltes qui ont été de 16 hectolitres pendant les 20 premières années et qui sont, il est vrai, tombées à 10 hectolitres pendant les 10 dernières, mais qui n'en forment pas moins une moyenne de 14 hectolitres à l'hectare, à peu près celle que nous avons dans l'ensemble de la France.

La supériorité de la parcelle 2 sur la parcelle sans engrais est faible : ce qui prouve que la terre y contenait également des provisions suffisantes de chaux, d'acide phosphorique et de potasse, c'est-à-dire de toutes les matières minérales les plus nécessaires au développement du froment. En tout cas, le sol renfermait ces matières minérales en quantités relativement aussi grandes que l'azote assimilable qui y était resté.

Comme les plantes se développent toujours en raison de l'élément qui leur est fourni en plus faible proportion, les blés de la parcelle 2 ne pouvaient profiter des engrais minéraux dont elles étaient largement pourvues que si on leur donnait en même temps de l'azote assimilable; c'est ce qui a été fait pour les parcelles suivantes. L'excédent de production qui en est résulté comparativement à la parcelle a été :

	GRAIN	PAILLE ET BALLES	RÉCOLTE TOTALE
	Kilogr.	Kilogr.	Kilogr.
Pour la parcelle 3	605	1174	1760
— 4	1180	2574	3740
— 5	1401	3438	4830
— 6	1567	3610	4168
— 7	1248	2361	3600

Ainsi 1 kilogramme d'azote a produit en grain et
en récolte totale les augmentations suivantes :

	GRAIN	PAILLE ET BALLES	RÉCOLTE TOTALE
	Kilogr.	Kilogr.	Kilogr.
3. A la dose de 48 kilogr. par hectare, à l'état de sulfate d'ammoniaque...	12,60	24,23	36,83
4. A la dose de 96 kilogr. par hectare, à l'état de sulfate d'ammoniaque...	12,30	26,70	39,00
5. A la dose de 144 kilogr. par hectare, à l'état de sulfate d'ammoniaque...	9,72	30,87	40,59
6. A la dose de 96 kilogr. par hectare, à l'état de nitrate...	16,32	37,51	53,83
7. A la dose de 224 kilogr. par hectare, dans le fumier...	5,57	10,40	16,07

L'azote, employé sous forme de sulfate d'ammoniaque à la dose de 96 kilogr. par hectare, n'a pas
donné une augmentation de grain relativement aussi
grande qu'à la dose de 48 kilogr. Avec 144 kilogr.
d'azote par hectare, l'accroissement proportionnel a
été encore moins grand.

Cela montre qu'il y a dans la quantité d'azote à
employer par hectare une limite qu'il n'est pas avantageux de dépasser. Des quantités plus considérables
ne produisent qu'une augmentation relative de paille
et disposent la récolte à la verse. L'azote employé à
dose égale sous forme de nitrate de soude a produit
proportionnellement à la fois plus de grain et beaucoup plus de paille que sous forme de sulfate d'ammoniaque. Quant à l'azote du fumier de ferme, il
s'y trouve en majeure partie engagé dans des combinaisons qui ne sont pas immédiatement assimilables
par les plantes; aussi n'a-t-il produit par kilogramme
que 5^{kg},57 d'augmentation pour le grain, et 10^{kg},40
pour la paille.

Ces augmentations de récolte ne proviennent, d'ailleurs, pas uniquement de l'azote contenu dans le sulfate d'ammoniaque et le nitrate de soude; elles sont dues également aux matières minérales qui les accompagnaient. De même que les matières minérales de la parcelle 2 n'ont pas pu être entièrement utilisées par le blé parce que ce blé n'y trouvait pas en même temps les quantités d'azote assimilable qui auraient été nécessaires pour un plus grand développement, de même chaque kilogramme d'azote des parcelles 3, 4, 5 et 6 n'aurait pas pu produire des excédents de 9 à 16 kilogr. de grain et de 36 à 53 kilogr. de paille, si ce grain et cette paille n'avaient pas trouvé à côté de lui les matières minérales qui doivent entrer dans leur constitution.

4. Le fumier de ferme et les engrais chimiques. — Ainsi les expériences de Rothamstedt ont prouvé ce fait : *au point de vue physiologique*, on peut dans certaines terres remplacer le fumier par des engrais chimiques. Peut-on le faire également *au point de vue économique*?

Cela dépend du prix du fumier et des engrais chimiques.

Voyons ce qu'il en coûte aujourd'hui pour remplacer intégralement 1000 kilogr. de fumier par des engrais chimiques. Comme l'azote du fumier de ferme est beaucoup moins rapidement assimilable que celui des nitrates et des sels ammoniacaux, je le compte à 1 fr. 50 le kilogramme; quant à l'acide phosphorique à l'état soluble, il vaut actuellement 0 fr. 75, et la potasse de 0 fr. 40 à 0 fr. 50.

5	kilogr. d'azote à 1 fr. 50 pour.............	7 fr.	50
6,3	— de potasse à 0 fr. 45 pour..........	2	83
2,6	— d'acide phosphorique à 0 fr. 75 pour.	1	95
	Total.............	12 fr.	28

Si les fumiers que produisent les animaux de nos fermes nous revenaient à plus de 12 francs la tonne, il faudrait donc renoncer à ces animaux, vendre nos fourrages et nos pailles, et racheter en retour soit des engrais chimiques, soit d'autres engrais que l'on pourrait obtenir à plus bas prix dans les environs des grandes villes. Mais ces cas sont rares : presque toujours nous pouvons, par des spéculations animales et des méthodes d'alimentation bien dirigées, produire le fumier de ferme à moins de 12 francs la tonne.

Mais, s'il est rarement profitable de *remplacer* le fumier de ferme par les engrais chimiques, il est presque toujours nécessaire de le *compléter* par des engrais chimiques.

En effet, une ferme qui exporte constamment des céréales, du lait, des animaux, etc., ne conserve pas dans ses fumiers et, par conséquent, ne peut pas rendre par eux à ses terres tous les éléments que les fourrages en ont tirés. C'est, en général, l'acide phosphorique qui, le premier, fait défaut. Les terres et le fumier lui-même qui en dérive deviennent de plus en plus pauvres en acide phosphorique. Ainsi, nous avons vu que, d'après M. Joulie, une récolte de froment de 40 hectolitres doit contenir dans ses grains et pailles en moyenne 92^{kg},6 d'azote, 37 kilogr. d'acide phosphorique et 116^{kg},2 de potasse. Si le fumier a la composition que nous avons adoptée plus haut, pour comparer sa valeur à celle des engrais chimiques, il en faudrait 18 520 kilogr. pour fournir les 92^{kg},6 d'azote qui sont nécessaires au blé; mais ces mêmes 18 520 kilogr. de fumier ne contiennent que 48^{kg},15 d'acide phosphorique, tandis qu'il en faudrait 92^{kg},6, presque le double.

Or les récoltes se forment en raison de l'élément qu'elles trouvent en plus petite quantité, et, tant que l'on n'a pas accru la proportion de cet élément, tous les autres restent en partie inutiles. Il en est des plantes comme des cristaux : par exemple, pour faire 100 kilogr. de cristaux de salpêtre, il faut 13 kilogr. d'azote à l'état d'acide nitrique et 45 kilogr.

de potasse. Mais si, au lieu de 45 kilogr. de potasse, il n'y en a que 22 1/2, il ne pourra se former que 50 kilogr. de salpêtre, et la moitié de l'azote restera sans emploi.

Ainsi, pour la production du blé, la moitié de notre fumier sera inutile, et, en réalité, au lieu de valoir 12 francs la tonne, il n'en vaudra que 6. Mais, si à chaque tonne on ajoute pour 2 francs de superphosphate de chaux (et l'on pourrait même se contenter dans ce cas de phosphates minéraux en poudre qui ne coûteraient qu'un franc), chacune de ces tonnes reprendra la valeur de 12 francs; pour chacune d'elles il y aura un bénéfice de 4 à 5 francs.

Le calcul que nous venons de faire a pour base la composition chimique du fumier à demi décomposé, telle que la donnent les tables de Wolf. Or cette composition chimique est la moyenne d'un grand nombre d'analyses dont les chiffres différaient beaucoup, et, si nous nous basions sur elle pour donner à toutes sortes de terres ce dont elles ont besoin, nous ferions comme ce tailleur qui, pour habiller tous les hommes d'un régiment, avait pris la moyenne de leurs mesures.

Il y a fumiers et fumiers :

Dans les fermes des terres crayeuses de la Champagne, il ne contient que 1,8 pour 1000 d'acide phosphorique et 2,9 de potasse, mais on y trouve plus de 12 pour 1000 de chaux. Dans les fermes des pays granitiques, le fumier est, au contraire, très pauvre en chaux et en acide phosphorique, mais assez riche en potasse. Comment en serait-il autrement? Le fumier n'est-il pas le produit de la paille et des fourrages qui ont été récoltés sur cette terre et qui ne pouvaient renfermer que ce qu'elle renfermait elle-même? Le fumier est, en quelque sorte, comme l'a dit M. Joulie, le reflet de la composition du sol.

Il ne faut donc pas compter sur le fumier de ferme pour compléter une terre où l'un ou l'autre des éléments essentiels fait défaut; il faut compléter à la fois la terre et le fumier par une importation de l'extérieur.

C'est seulement depuis peu d'années, principalement grâce aux travaux si bien dirigés de MM. Paul de Gasparin et Joulie, que l'analyse chimique a pu arriver à des résultats réellement pratiques, en disant : « Telle terre a besoin d'acide phosphorique, ou de potasse, ou d'azote; il faut lui en donner tant par hectare et sous telle forme; cela vous coûtera tant, mais je vous garantis que votre dépense sera payée largement par l'augmentation des récoltes; telle autre terre, au contraire, en contient déjà suffisamment; c'est inutile d'en acheter; ce serait une dépense superflue. »

MM. Lawes et Gilbert eux-mêmes avaient fait presque toutes leurs expériences dans le même sol. Leurs premiers imitateurs en France avaient spécialisé les engrais beaucoup plus d'après les plantes que d'après les terres auxquelles ils étaient destinés. On se bornait à suivre la théorie de la restitution complète de tous les éléments emportés par les récoltes, théorie très sage sans doute, mais souvent très coûteuse. On avait des engrais spéciaux pour la vigne, ou les prairies, ou les céréales, mais on n'avait pas d'engrais spéciaux pour les terres de diverses natures, par exemple pour les terres pauvres en potasse, mais riches en acide phosphorique, ou pour les terres pauvres en acide phosphoriques, mais riches en potasse ou en azote. Pour être sûr de donner *assez*, on donnait *tout* ce qu'une récolte doit trouver dans le sol; c'étaient toujours et partout des engrais *complets*, mais ces engrais coûtaient quelques centaines de francs par hectare. En se bornant à ajouter aux terres ce qu'elles ne renferment pas déjà en proportion suffisante, on peut diminuer cette dépense et la réduire de moitié, quelquefois encore plus. Nous en citerons des exemples, et comme cet emploi économique des engrais peut avoir une influence considérable sur le prix de revient des blés, comme il importe de le vulgariser pour aider notre agriculture dans la lutte qu'elle doit soutenir contre la concurrence étrangère, nous croyons devoir donner sur cette question autant de détails que possible.

5. **Acide phosphorique**. — Comme l'avait déjà fait M. Paul de Gasparin, M. Joulie a consigné ses nombreuses analyses sur un registre et mis en regard les renseignements agricoles que lui ont fournis les cultivateurs. Il possède aujourd'hui, dit-il dans son *Etude sur la culture du blé*, plus de mille analyses dans ces conditions, et comme, d'une manière générale, les renseignements agricoles attestent l'inefficacité des phosphates assimilables sur toutes les terres qui contiennent 4000 kilogrammes d'acide phosphorique par hectare, il en conclut que cette richesse suffit à une culture active et que, pratiquement, il n'y a qu'à l'entretenir. En admettant que la couche arable pèse 4 millions de kilogrammes, cela fait 1 pour 1000. C'est le dosage d'acide phosphorique que l'on pourrait appeler le *dosage nécessaire*. Lorsqu'une terre le contient, il suffit de lui restituer ce que les récoltes lui enlèvent, ou du moins de lui donner d'avance ce que ces récoltes lui demanderont. Or nous avons vu qu'une forte récolte de blé emporte en moyenne 37 kilogr. par hectare d'acide phosphorique; c'est la *ration d'entretien* qu'il y a lieu de lui donner. Si l'analyse montre que la terre contient moins de 4000 kilogr. par hectare d'acide phosphorique, il faudra forcer les doses d'acide phosphorique et dépasser 37 kilogr. plus ou moins, suivant qu'il en manque plus ou moins. Par contre, si le sol renferme déjà plus de 4000 kilogr. ou plus de 1 pour 1000 d'acide phosphorique, on pourra réduire la quantité employée dans les engrais à moins de 37 kilogr. et même, dans certains cas, supprimer complètement l'emploi de l'acide phosphorique.

M. Paul de Gasparin, admettant que l'acide phosphorique est l'élément qui fait le plus souvent défaut dans les terres arables et dont dépend surtout leur richesse, classe ces terrains de la manière suivante :

1° Terrain très riche, quand il contient plus de 2 millièmes d'acide phosphorique;

2° Terrain riche, quand il en contient de 1 à 2 millièmes;

3° Terrain moyennement riche, quand il en contient de 1/2 à 1 millième;

4° Terrain pauvre, quand il en contient moins de 1/2 millième.

Ces chiffres sont d'accord avec ceux de M. Joulie, bien que M. Paul de Gasparin ne leur donne pas tout à fait le même sens.

Dans les terrains d'argile glaciaire que je cultive, j'ai trouvé toujours assez de chaux et de potasse, mais seulement 1/2 à 1 pour 1000 d'acide phosphorique. Des expériences, souvent répétées pendant vingt ans, m'ont montré que l'acide phosphorique sans azote n'y fait aucun effet; les récoltes de blé restent médiocres; elles sont de 18 à 20 hectolitres à l'hectare. Si, pour faire une culture plus riche ou rendre ma terre plus *riche*, suivant l'expression de M. de Gasparin, j'y emploie un engrais azoté, l'azote seul n'augmente la récolte que de 2 ou 3 hectolitres. Mais, dès lors que je joins à cet azote de l'acide phosphorique, les récoltes augmentent de 8 à 9 hectolitres. Mes terres contiennent donc assez d'acide phosphorique pour faire des récoltes médiocres; mais, dès lors que je cherche à surexciter la production des matières végétales par un apport d'azote, il faut suivre avec l'acide phosphorique et leur en donner une proportion plus forte.

Les phosphates minéraux, simplement pulvérisés, fournissent l'acide phosphorique à 35 ou 40 centimes le kilogramme. Pour enrichir les fumiers, on les répand sur le tas à raison de 15 à 20 kilogr. par mètre cube ou dans les étables à raison de 1 kilogr. par jour et par tête de gros bétail. Employés directement sur les terrains acides, comme les landes de

Bretagne et de Sologne, ils ont donné des résultats merveilleux.

Mais, pour les autres terres, on croyait devoir préalablement les traiter par l'acide sulfurique pour les transformer en superphosphates, et, sous cette forme, les fabricants d'engrais font payer au cultivateur le kilogramme d'acide phosphorique plus de deux fois autant (90 centimes à 1 franc), parce qu'il est soluble dans l'eau et considéré comme plus rapidement assimilable par les plantes. Mais des expériences récentes, entre autres celles de M. Grandeau dans les terres argilo-calcaires des environs de Nancy et celles de M. Marcel Dupont dans les sols crayeux ou argilosiliceux de la Champagne, ont montré que, pour certains phosphates, par exemple ceux du grès vert, cette transformation est une dépense complètement inutile. L'acide phosphorique ne tarde pas à redevenir insoluble, en se combinant avec la chaux, l'oxyde de fer ou l'alumine de la terre, et n'agit pas mieux que celui des phosphates simplement pulvérisés, mais très bien pulvérisés et très également répandus.

6. **Potasse.** — Dans son *Traité de la détermination des terres arables dans le laboratoire*, M. Paul de Gasparin dit que « la minéralisation des engrais par les sels de potasse est inutile pour tous les sols qui contiennent 1 1/4 de potasse attaquable par l'eau régale ».

M. Joulie est plus exigeant; il admet que la terre doit en contenir 10 000 kilogrammes par hectare ou 2 1/2 pour 1000, le double de ce qui suffit à M. de Gasparin, pour qu'elle puisse fournir des récoltes de blé de 35 à 40 hectolitres. Ainsi la terre crayeuse de M. de Bohans, à Fresnes, en Champagne, en contenait 1 1/4 pour 1000, et cependant les sels de potasse y ont produit des effets admirables.

Comme une forte récolte de blé doit trouver en moyenne 116 kilogr. de potasse, on peut se borner à en donner autant à toute terre qui en contient déjà 10 000 kilogrammes par hectare. C'est l'application stricte du principe de la restitution; seulement on fait à la récolte l'avance des éléments dont elle a besoin, au lieu de les rendre au sol après la moisson.

Si l'analyse montre que la terre ne satisfait pas à ce dosage nécessaire de 2 1/2 pour 1000 ou 10000 kilogrammes de potasse par hectare, il faudra lui en donner plus de 116 kilogrammes. Par contre, si elle en renferme plus de 2 1/2 pour 1000, il est inutile de lui en fournir autant comme engrais complémentaire du fumier de ferme : 50 à 80 kilogr. par hectare suffiront. Si le dosage dépasse 3 pour 1000, on peut s'en dispenser complètement; ce serait une dépense superflue.

Les sels de potasse sont tous très solubles; mais, comme le sol arable a pour eux un pouvoir absorbant très puissant, on peut les répandre, comme les superphosphates, en automne avant les semailles, sans qu'ils risquent d'être entraînés par les eaux.

7. **Azote.** — Les restes des plantes qui ont vécu antérieurement dans les champs et des fumiers que l'on y a enfouis contiennent de l'azote dont la quantité peut être très considérable, mais dont la plus grande partie se trouve à l'état de combinaisons organiques presque entièrement insolubles et incapables de servir à la nourriture de nouvelles récoltes.

Cet azote se conserve longtemps dans le sol. A Rothamstedt, la couche arable de 23 centimètres d'épaisseur contenait encore 2724 kilogr. d'azote par hectare dans la parcelle qui avait porté du blé pendant 40 ans de suite sans recevoir d'engrais. Pendant les dix dernières années, elle avait donné une récolte moyenne de 10 hectolitres à l'hectare, récolte qui contenait seulement environ 15 kilogr. d'azote. Quant à la parcelle qui avait reçu chaque année une fumure de 35000 kilogr. de fumier de ferme, elle contenait deux fois autant d'azote que la première, soit 5400 kilogr. par hectare, et la récolte des dernières années y avait été également à peu près deux fois aussi grande et avait emporté dans son grain et ses pailles environ

30 kilogr. d'azote par an. Ainsi, dans les deux cas, la récolte n'avait pu fixer que 1/2 pour 100 de la quantité d'azote qui se trouvait dans la terre où ses racines se sont développées.

C'est que ces racines n'ont pu absorber que la petite fraction du stock d'azote qui s'était nitrifiée. MM. Schlœsing et Müntz nous ont appris que cette nitrification se produit sous l'influence d'un microbe spécial qui existe toujours dans le terreau. Ils ont étudié toutes les conditions qui la favorisent et porté ainsi un jour tout nouveau sur certaines pratiques de l'agriculture. Ils ont montré, entre autres, qu'il lui faut un milieu alcalin, mais seulement légèrement alcalin; ainsi la chaux vive, telle qu'un chaulage récent l'a introduite dans la terre, l'arrête, mais le bicarbonate de chaux qui ne tarde pas à se former par la combinaison de cette chaux avec l'acide carbonique de l'air confiné dans le sol lui est, au contraire, favorable. Nulle à moins de 5 degrés de température, la nitrification devient sensible à 12 degrés et augmente jusqu'à 37, où elle atteint son maximum d'intensité pour disparaître de nouveau au delà de 55 degrés. L'ameublissement du sol par les labours, les binages, etc., c'est-à-dire son aération, la stimule. D'abord très active dans une terre récemment ameublie, elle s'affaiblit graduellement, puis elle se ranime chaque fois que le sol est remué. L'humidité lui est également favorable, mais jusqu'à une certaine limite. Il ne faut pas qu'un excès d'eau stagnante sur un sous-sol imperméable s'oppose au renouvellement de l'atmosphère confinée dans la terre et y crée un milieu dont la combustion des matières organiques aura bientôt consommé tout l'oxygène. Dans un tel milieu, les nitrates sont réduits en nitrites ou en ammoniaque. Le blé, comme la plupart de nos plantes cultivées, n'aime pas à trouver l'azote sous cette forme, et, dans tous les cas, les conditions où cette réduction se produit sont loin de lui être propices. D'après MM. Gayon et Dehérain, un microbe

spécial y prend part et peut même ramener les nitrates à l'état d'azote gazeux, qui est perdu.

M. Hellriegel a fait à la station agronomique de
Dahme, en Allemagne, des expériences remarquables
par la méthode avec laquelle elles ont été dirigées.
Il faisait varier tour à tour chacun des facteurs qui
ont de l'influence sur le développement du blé : humidité, chaleur, lumière, volume de la terre, quantité
d'azote ou de potasse, en laissant tous les autres facteurs constants.

Quand il a donné l'azote sous forme de nitrate de
chaux au blé de printemps qu'il cultivait dans du
sable, il a obtenu 22 grammes de substance sèche,
tandis qu'il n'a récolté que 380 milligrammes de
substance sèche avec l'azote en même quantité sous
forme de chlorhydrate d'ammoniaque, et 630 milligrammes sans aucune espèce d'azote. Ainsi le chlorhydrate d'ammoniaque a été plus nuisible qu'utile.
Le sulfate d'ammoniaque n'a pas donné de meilleurs
résultats. L'acide sulfurique que les racines émet-
tent, dit M. Hellriegel, après que le sel a été décomposé, leur fait du mal. Le même fait ne se produit plus lorsqu'on ajoute au sel ammoniacal du
carbonate de chaux. Ainsi :

	Matières sèches.
20 équivalents de nitrate de chaux ont donné....................................	30gr,552
20 équivalents de sulfate d'ammoniaque sans carbonate de chaux..................	0 406
20 équivalents de sulfate d'ammoniaque avec carbonate de chaux..................	22 674
20 équivalents de chlorhydrate d'ammo-niaque sans carbonate de chaux......	0 471
20 équivalents de chlorhydrate d'ammo-niaque avec carbonate de chaux......	25 647

Le carbonate de chaux neutralise et rend ainsi
inoffensif l'acide émis par les racines, ou plutôt il

favorise la transformation de l'ammoniaque en acide nitrique.

Suivant que les conditions indiquées par MM. Schlœsing et Müntz sont plus ou moins bien remplies dans la terre, la formation des nitrates y est plus ou moins abondante. Mais il faut en même temps que ces nitrates se produisent dans la mesure où les plantes en ont besoin et qu'ils soient à la portée de leurs racines. Dans les saisons où la terre perd plus d'eau par l'évaporation qu'elle en reçoit par les pluies, les nitrates *montent* et peuvent facilement être absorbés par les radicelles du blé qui vient de lever ou par celles qui tendent à se former par le tallage. Si les pluies sont plus fortes que l'évaporation, les nitrates *descendent* vers le sous-sol. Cela n'a pas d'inconvénient, si les racines profondes du blé peuvent s'en emparer au passage. Mais, si les pluies sont trop abondantes, elles *lavent* la terre; elles entraînent avec elles tous les nitrates dans les sources qu'elles vont former au loin; et, quand le soleil reparaît, le blé ne trouve plus autour de lui d'azote sous une forme assimilable, et sa végétation languit, jusqu'à ce que les nitrates qui lui sont nécessaires aient de nouveau eu le temps de se former.

M. Joulie considère 4000 kilogr. d'azote total à l'hectare comme la quantité d'azote *nécessaire* pour obtenir des récoltes de 40 hectolitres ou approchant. C'est également 4000 kilogr. à l'hectare que MM. Lawes et Gilbert ont trouvés dans la parcelle fumée avec 225 kilogrammes de sulfate d'ammoniaque et des engrais minéraux, parcelle dont le rendement s'est montré le plus avantageux, mais qui ne donnait cependant en moyenne que 33 hectolitres à l'hectare. Si l'on admet que la couche arable d'un hectare, sur 20 à 25 centimètres d'épaisseur, pèse en moyenne 4 millions de kilogr., cela fait 1 pour 1000 d'azote. Il s'agit de l'azote total, déterminé par le procédé de M. Peligot, en transformant tout en ammoniaque par la combustion avec de la chaux sodée. L'acide nitri-

que qui n'est pas réduit pendant la combustion
échappe à cette détermination. Il serait plus exact
de faire un dosage spécial de cet acide nitrique;
mais, comme la quantité en serait très variable suivant le moment où l'échantillon de terre aurait été
pris, il vaut mieux tenir compte des conditions plus
ou moins favorables que cette terre offre à la nitrification, lorsque l'on fixe les doses d'engrais à lui
donner.

En ajoutant dans une série de vases contenant du
sable, également arrosés avec de l'eau distillée et
tous placés dans les mêmes conditions de chaleur et
de lumière, des engrais minéraux et des quantités
d'azote nitrique qui ont varié de 0 jusqu'à 0,084 pour
1000, M. Hellriegel a obtenu :

Azote nitrique du sol pour 1000.	Grain.
0.....................	0,002 grammes.
	En plus.
0,007	0,553 grammes.
0,014	1,708 —
0,021	2,766 —
0,028	3,763 —
0,042	6,065 —
0,056	7,198 —
0,084	9,257 —

M. Hellriegel ajoute que le produit maximum aurait déjà pu être obtenu avec 0,070 pour 1000 d'azote
à l'état de nitrate, au lieu de 0,084. Ainsi, d'après
lui, 0,070 pour 1000 d'azote nitrique correspondrait
à 1 pour 1000 d'azote total, que M. Joulie a trouvé
nécessaire pour une récolte de 30 à 40 hectolitres
de froment. Cela représente 7 d'azote nitrique pour
100 d'azote total.

M. Boussingault a montré depuis longtemps que,
si les plantes légumineuses ont leur place dans l'assolement et si tous les fourrages et pailles sont con-

sommés par des animaux dont le fumier revient à la terre, cette terre est à la fin de chaque rotation plus riche en azote qu'au commencement. D'où cela provient-il? on n'est pas encore d'accord là-dessus. Quoi qu'il en soit, le fait est réel. Mais cette augmentation de l'azote disponible dans le sol et dans le fumier ne se produit que lentement. Des terres soumises depuis longtemps à une culture améliorante renferment beaucoup de ces matières azotées que les anciens agronomes appelaient de la *vieille force*. Mais des terres qui n'ont pas encore passé par ce système d'amélioration, ou qui ont été épuisées, sont quelquefois loin de contenir 4000 kilogrammes d'azote par hectare, et le fumier de la ferme ne peut pas le leur fournir immédiatement. Elles ne donneront donc que de faibles récoltes, et, si l'on veut les amener plus rapidement aux produits bruts qui sont aujourd'hui seuls capables de fournir du blé à un prix de revient modéré, il faut aider l'action du fumier par un apport de nitrate ou de sulfate d'ammoniaque.

Du reste, le fumier est un engrais capricieux qui tantôt fournit trop d'azote au blé, tantôt trop peu. Il en contient plus ou moins, de 4 à 8 pour 1000, suivant les animaux dont il provient, suivant la manière dont ils ont été nourris et la litière qu'on leur a donnée, suivant qu'il est plus ou moins décomposé. Si l'on admet que 5 pour 1000 est la moyenne, une fumure de 40 000 kilogr. en contiendra 200 kilogr., mais la plus grande partie de cet azote n'est pas encore sous une forme assimilable par les plantes. Il faut qu'il ait le temps de se nitrifier avant de pouvoir être utile. Quelle est la proportion d'azote du fumier qui se nitrifie dans un temps donné? On n'a pas de renseignements exacts là-dessus; mais il est certain, d'après les recherches de MM. Schlœsing et Müntz, qu'elle doit beaucoup varier suivant la nature des terres où ce fumier est enfoui et suivant les circonstances de température, d'humidité et d'aération qu'il y trouve. Tantôt la nitrification marchera très rapidement, au point qu'il y aura lieu de craindre la verse ; tantôt elle sera très lente et l'action du fumier très faible.

Dans les anciens assolements où le blé suivait une jachère, on appliquait le fumier à la fin de cette jachère, mais, en général, assez tôt pour qu'il eût le temps de commencer à se décomposer et à fournir un peu de nitrates au jeune blé. Mais, dans les assolements alternes, il est de règle de ne pas mettre le froment sur du fumier frais, et cette règle a sa raison d'être, parce qu'une fumure assez copieuse pour avoir la durée et l'efficacité qu'exige la succession des cultures risque d'amener la verse des céréales, mais ne peut pas avoir le même inconvénient pour des racines.

Si le sol où le blé va être semé contient 4000 kilogr. d'azote à l'hectare, M. Joulie conseille de lui donner des engrais chimiques renfermant le tiers ou la moitié de la quantité d'azote qui devra se trouver dans une forte récolte de blé, ainsi 31 à 46 kilogr. à l'hectare ; c'est ce que contiendra le grain.

Si le sol contient moins de 4000 kilogr. d'azote, on force la dose d'azote des engrais chimiques ; on en donne 46 à 92 kilogr., au besoin même 100 kilogr., plus ou moins suivant qu'il en manque plus ou moins.

Mais, pour les terres qui contiennent déjà plus de 4000 kilogr. d'azote à l'hectare, il est parfaitement inutile de dépenser autant d'argent pour leur donner des engrais azotés en sus du fumier de ferme qui y a été enfoui les années précédentes. Or les cas où les terres sont déjà trop riches en azote sont beaucoup moins rares qu'on pourrait le croire d'après les récoltes qu'elles portent. Cet azote y reste inutile, tantôt parce qu'elles ne contiennent pas en même temps assez de potasse ou d'acide phosphorique pour nourrir de plus belles récoltes, tantôt parce que les débris végétaux dans lesquels il est enfermé ne se décomposent ou ne se nitrifient pas. Ainsi, dans une terre crayeuse de la Champagne

Pouilleuse où il était impossible de faire des récoltes de froment de plus de 18 hectolitres à l'hectare, M. Joulie a trouvé 7770 kilogr. d'azote. Mais cette terre était relativement pauvre en potasse. Il a suffi de 40 à 80 kilogr. de chlorure de potassium pour porter la récolte à 30 hectolitres, quelquefois à 35 ou 40. Par contre, les engrais azotés et surtout le fumier de ferme y amenaient la verse ou l'échaudage du grain.

Un excès d'azote également nuisible a été constaté par M. Joulie dans quelques-unes des plus belles fermes de la Brie, par exemple dans celle de Minpincien, qui est exploitée par un des meilleurs cultivateurs de la contrée, M. Émile Rémond. Autrefois la culture du trèfle et de la luzerne avait donné de grands profits au père de M. Émile Rémond, mais on en avait abusé; leurs produits diminuaient de plus en plus; le sol en paraissait *fatigué*, comme on dit, et, d'un autre côté, l'emploi du fumier de ferme ne donnait que des blés mal équilibrés, très sujets à la verse et à l'échaudage, exubérants en paille, mais pauvres en grain. L'avenir de ses cultures commençait à inquiéter M. Rémond, lorsqu'il eut l'heureuse idée de s'adresser à M. Joulie et de lui demander conseil. Quelques analyses montrèrent immédiatement à l'habile chimiste que la plupart des champs de Minpincien contenaient plus de 4000 kilogr. d'azote, quelques-uns plus de 5000, et que, par contre, il y avait peu de potasse (6600 à 8400 kilogr. par hectare) et surtout très peu d'acide phosphorique (2800 à 3500 kilogr.). La réponse était tout indiquée. Il fallait chercher à rétablir l'équilibre, en ajoutant au fumier de ferme du phosphate de chaux et du chlorure de potassium. Cette addition donna d'excellents résultats, et plus tard, comme nous le dirons tout à l'heure, on renonça même presque complètement au fumier de ferme pour cultiver le blé au moyen d'engrais chimiques.

En général, on peut se dispenser d'employer de

l'azote comme engrais pour le blé fait sur une défriche de luzerne.

Les doses d'azote que je viens d'indiquer supposent que cet azote est sous une forme soluble, comme dans les nitrates, les sels ammoniacaux[1] ou le guano du Pérou. Précisément parce qu'ils sont très solubles, il ne faut employer les sels ammoniacaux et les nitrates qu'au printemps sur les blés qui en montrent le besoin par leur état souffreteux, leur teinte jaune et leurs feuilles étroites.

Dans les terres pauvres, où le blé n'a pas été précédé par une récolte abondamment fumée, on peut ajouter une certaine quantité de sulfate d'ammoniaque aux phosphates et aux sels de potasse que l'on donne aux blés en automne. Leurs jeunes racines trouvent ces engrais à leur portée au moment où elles viennent de se développer, il en résulte un tallage plus vigoureux, qui prépare les plantes à mieux traverser les rigueurs de l'hiver.

Les nitrates et les sels ammoniacaux, comme tous les engrais chimiques, sont plus faciles à répandre également et plus efficaces, lorsqu'on les mélange avec une certaine quantité de plâtre, de cendre ou de terreau tamisé.

Les règles que je viens de donner sont basées sur les indications fournies par les analyses chimiques des terres, analyses que tout cultivateur peut aujourd'hui faire exécuter, à des prix modérés, soit dans la station agronomique la plus voisine, soit au labo-

1. Dans le n° du 11 juin 1885 du *Journal d'agriculture pratique*, le nitrate de soude en gros (20 à 30 000 kilogrammes) était coté 27 à 28 francs pour les 100 kilogr. Comme il contient 15 à 16 p. 100 d'azote, il fournit cet azote au prix de 1 fr. 80 le kilogramme.

Dans le même numéro, le sulfate d'ammoniaque, contenant 20 à 21 p. 100 d'azote, est coté 35 à 36 francs les 100 kilogr., ce qui porte son azote à 1 fr. 75 le kilogramme.

A la fin de l'année 1885, les prix avaient sensiblement augmenté; ils étaient de 2 fr. 50 le kilogramme.

ratoire de la Société des Agriculteurs de France ou tel autre laboratoire de Paris. Avant de les appliquer en grand, il peut être prudent d'essayer les engrais sur de petites surfaces. En disposant ces *champs d'essais* d'une manière méthodique et y étudiant sur des parcelles isolées, ici le phosphate de chaux seul, là le sulfate d'ammoniaque ou le nitrate de soude seuls, ailleurs le chlorure de potassium, puis ces divers engrais associés deux à deux ou enfin tous ensemble et formant ainsi un engrais chimique complet, on pourra même se dispenser de faire faire l'analyse de la terre. Mais ce qu'il y a de plus sûr, c'est d'employer à la fois les deux moyens : l'un sert de contrôle à l'autre. Des erreurs de pesée, des grains mangés par les oiseaux, etc., peuvent altérer les résultats donnés par les champs d'essais, et, dans tous les cas, ils ne disent qu'*après* la récolte ce dont la terre avait besoin, tandis que les analyses peuvent le dire *avant*. Chez M. Rémond, à Minpincien, chaque pièce de terre a sa *comptabilité chimique*, où l'on inscrit les remarques faites sur les récoltes qu'elle a données, les besoins que l'état de ces récoltes paraissent indiquer, les engrais qu'elle a reçus et les analyses que M. Joulie en fait de temps en temps, et l'on règle, d'après cela, les doses d'azote, d'acide phosphorique ou de potasse qu'on lui applique. M. Rémond sait ainsi à temps le régime qu'il doit faire suivre à chacun de ses champs, et c'est grâce aux précieux diagnostics que lui fournissent les analyses chimiques qu'il a pu arriver, avec une dépense moyenne de 60 francs d'engrais par hectare et par an, à obtenir des récoltes de 33 à 40 hectolitres de blé à l'hectare.

Pour compléter les indications fournies par l'analyse de la terre et les champs d'essais sur les engrais qu'il convient d'y employer, M. Joulie se sert d'une méthode dont il a su tirer souvent un parti très ingénieux. « Comme les points que l'analyse peut laisser dans le doute, dit-il, ne sont jamais que des questions d'assimilabilité, il m'a paru que le moyen le plus simple, pour savoir ce qu'une terre peut céder aux récoltes, était d'analyser les plantes mêmes qu'elle avait produites et de comparer leur composition à celle de la même plante, parvenue à un développement normal, prise sur un champ voisin, c'est-à-dire dans les mêmes conditions de culture, de saison et de climat. » Pour faire cette comparaison des blés imparfaits avec les blés parfaits, M. Joulie analyse non pas seulement les grains, mais les plantes entières et de préférence à l'époque de leur floraison, car, à cette époque, elles contiennent certains éléments, par exemple la potasse, en plus grande quantité, et les anomalies de leur alimentation sont alors plus sensibles qu'au moment de leur maturité.

Ainsi les blés des récoltes de 40 hectolitres qu'il a étudiées dans les fermes de la Brie contenaient en moyenne par hectare :

	A L'ÉPOQUE	
	DE LA FLORAISON	DE LA MATURITÉ
	Kilogr.	Kilogr.
Azote..................	87,0	92,6
Acide phosphorique........	30,6	37,0
Chaux.................	25,2	21,0
Magnésie..............	11,7	12,2
Potasse...............	116,2	41,7

Dès lors qu'une récolte de blé (en comptant 3 275 000 de chaumes à l'hectare) contient, au moment de la floraison, moins de 116 kilogr. de potasse ou moins de 92 kilogr. d'azote, cela prouve qu'il faut ajouter au sol qui l'a produite de la potasse ou de l'azote sous une forme assimilable, quand même l'analyse de ce sol aurait paru indiquer qu'il n'en avait pas besoin.

8. **Chaux.** — M. Joulie dit que, pour convenir parfaitement à la culture des céréales, la terre doit en contenir environ 5 pour 100, mais je connais des terres qui donnent d'excellentes récoltes de froment et qui ne renferment que 1 pour 100 et même 1/2 pour 100 de chaux. On obtient dans les terres granitiques des résultats considérables en les chaulant à la dose de 3000 à 4000 kilogr. par hectare, soit 1 pour 1000 du poids de leur couche arable ; elles deviennent par suite de ce chaulage capables de porter des récoltes de trèfle et de froment. Les effets du chaulage sont multiples ; non seulement elle agit directement, en fournissant aux plantes la chaux qui doit entrer dans leur constitution, mais indirectement.

1° La chaux favorise la décomposition des matières végétales, débris de racines, de tiges et de feuilles, qui sont très abondantes dans certains terrains, comme ceux des landes ou forêts défrichées ; elle libère ainsi et met à la disposition des plantes les éléments minéraux que la végétation y avait rassemblés, potasse, acide phosphorique, etc.

2° En créant un milieu alcalin dans les terres à réaction acide, elle y favorise la nitrification des matières azotées. Mais il faut pour cela que la quantité de chaux employée par hectare ne dépasse pas 5000 kilogr.

3° L'emploi de la chaux diminue la plasticité dans les terres argileuses où elle est trop grande et les rend ainsi plus favorables à la culture du blé.

4° En même temps, comme l'a montré M. de Mondésir, la chaux décompose le silicate d'alumine et de potasse de l'argile, forme du silicate d'alumine et de chaux, tandis que la potasse devient assimilable pour les plantes. Le chaulage est donc un moyen indirect de procurer de la potasse au blé.

Pour les terres fortes, M. Joulie préfère aux chaulages copieux à longs intervalles des chaulages fréquents et à doses faibles de 800 à 1000 kilogr. par hectare. On ne doit pas les appliquer directement au blé, mais à la culture sarclée qui le précède.

Dans certains pays, par exemple dans la Mayenne, on emploie la chaux en mélange avec de la terre végétale et du fumier; on en fait des *tombes* ou composts.

Les agriculteurs donnent le nom de *marnes* non-seulement aux marnes proprement dites, mais à des matières très diverses qui toutes agissent principalement par le calcaire qu'elles contiennent. Dans le pays de Caux et en Picardie on appelle *marne* la craie qui sert d'amendement aux argiles plus ou moins plastiques et limons des plateaux. On marne tous les 12 ou 15 ans, et l'on a remarqué qu'à la fin de cette période, quand l'action de la chaux est près d'être épuisée, le froment *grène* moins bien qu'au commencement.

Dans toute la Bretagne et les Bocages voisins de la Vendée, de la Mayenne, de la Sarthe et du Cotentin, les terrains d'origine granitique ou silurienne manquent de chaux et d'acide phosphorique; il n'y a d'exception que pour les affleurements de diorites ou de syénites, pour les rares îlots de terrains tertiaires qui s'y trouvent parsemés et pour les côtes où les engrais de mer, depuis longtemps employés en grandes quantités, ont peu à peu transformé la terre. Il en est de même pour la plupart des terrains de granite et de gneiss du Limousin et de tout le plateau central, sauf les parties volcaniques. Par contre, les terrains jurassiques et la craie sont riches en chaux et pauvres en potasse. Les sols formés par la décomposition du grès des Vosges et les argiles de la Bresse ont à la fois peu de chaux, peu d'acide phosphorique et peu de potasse.

Par contre, il y a des terres auxquelles la nature a tout donné : par exemple, les terrains volcaniques, les marnes du lias, les calcaires coquilliers et les alluvions de certaines vallées. On peut ainsi, d'après l'origine géologique des terrains, deviner en quelque sorte d'avance ce qu'ils renferment; l'analyse chimique et les champs d'essais n'auront qu'à compléter ces indications [1].

CHAPITRE III

Propriétés physiques des terres et développement des racines.

Quelle que soit la pauvreté d'une terre au point de vue chimique, nous venons de voir qu'on peut toujours lui fournir ce qui lui manque pour être capable de porter de bonnes récoltes de blé. On peut toujours la *compléter* quand cela ne coûte pas trop cher, c'est-à-dire quand cette terre n'est pas trop éloignée des centres de consommation et des moyens de transport et que le prix des engrais n'est pas trop élevé comparativement à celui du blé. Si c'est impossible, ce n'est qu'une impossibilité économique.

Pour les propriétés physiques des terres, la latitude est également très grande, mais il y a des extrêmes qui dépassent, si je puis m'exprimer ainsi, les *possibilités* du froment. Il y a, d'abord, des terres où le blé ne trouve pas un volume suffisant pour y développer ses racines, soit parce qu'elles sont trop compactes ou trop humides, soit parce qu'on y trouve le roc à une faible profondeur.

1. Voir *Géologie agricole*, par E. Risler, chez Berger-Levrault et Cie, 5, rue des Beaux-Arts, et à la Librairie agricole, 26, rue Jacob, Paris.

Les expériences de M. Hellriegel ont bien montré l'importance du volume de terre dont les plantes disposent. Il les a faites avec de l'orge, mais leurs résultats peuvent également s'appliquer au froment; par conséquent, je crois utile de les citer :

NOMBRE DE PLANTES	GRAND VASE AVEC 12 KIL. 1/2 DE TERRE		VASE MOYEN AVEC 5 KILOGR. DE TERRE		PETIT VASE AVEC 1 KILOGR. 66 DE TERRE	
	Récolte totale.	Récolte par 1/2 kil. de terre.	Récolte totale.	Récolte par 1/2 kil. de terre.	Récolte totale.	Récolte par 1/2 kil. de terre.
1	33,16	1,33	16,35	1,63	7,70	2,32
2	31,31	1,25	18,96	1,98	8,57	2,57
4	39,50	1,58	20,20	2,02	8,86	2,66
6	»	»	19,49	1,95	8,55	2,56
8	41,81	1,67	22,11	2,21	9,86	2,96
12	41,56	1,66	21,45	2,15	»	»
16	41,18	1,65	22,69	2,26	»	»
24	41,65	1,66	24,16	2,42	»	»

Le rapport entre la récolte et le poids ou volume de terre qui l'a produite montre une constance remarquable, quel que soit le nombre de plantes. Ce rapport est plus élevé dans le petit vase que dans les autres, sans doute parce que la terre y était relativement plus meuble et offrait aux racines à la fois plus d'interstices et de surface extérieure pour se développer.

Si, dans le même volume de terre, on cultive huit plantes au lieu de quatre, on ne récolte pas dans le second cas le double, mais à peu près la même chose que dans le premier, parce que dans le second chaque plante prend un développement moitié moins grand que dans le premier. On peut jusqu'à une certaine limite augmenter la récolte que donne un volume fixe de terre, en y augmentant la somme des engrais; mais, au delà de cette limite, l'addition des engrais n'y fait plus rien et peut même amener des anomalies et un recul dans la production.

Quant à augmenter le volume de terre lui-même dont chaque plante dispose, on peut jusqu'à un certain point le faire par les défoncements et les drainages en augmentant la profondeur à laquelle ses racines peuvent pénétrer. Essayons d'apprécier leurs effets.

Dans les terres argileuses à sous-sol imperméable, les racines du blé sont souvent arrêtées dans leur développement par l'eau qu'elles rencontrent dans le sous-sol; les extrémités qui plongent dans cette eau stagnante pourrissent. Ce fait se produit souvent à la fin de l'hiver à la suite de la fonte des neiges ou après des pluies abondantes, et il se révèle à l'extérieur par l'aspect jaune et souffreteux des feuilles. Il faudrait drainer ces terres.

Cependant, dans l'argile glaciaire de ma ferme, je n'ai trouvé les racines du blé abondamment développées que jusqu'à la profondeur de 30 à 35 centimètres où avaient pénétré ma charrue et ma fouilleuse; plus bas elles étaient très rares et suivaient, en général, les fentes qui s'étaient formées dans l'argile jusqu'au niveau des drains, 1 mètre à 1^{m},20. Cela peut provenir de la nature excessivement compacte du sous-sol. Mais le Dr Fraas dit que, même dans une terre de jardin très profondément ameublie, les racines du blé ne vont pas à plus de 45 à 60 centimètres.

Dans son journal *l'Agriculteur chimiste*, M. Ad. Stœkhardt a cité une observation qui paraît contradictoire avec les nôtres; il dit que M. Schubart, agriculteur du Mecklembourg, a trouvé, dans une marnière recouverte de 45 à 75 centimètres de limon argileux, des racines de blé qui avaient pénétré jusqu'à 2^{m},30 de profondeur sur les points où la marne était sablonneuse et jusqu'à 2 mètres sur les points où cette marne était plus argileuse et plus compacte.

« Les racines du blé prennent quelquefois un grand développement, dit le comte de Gasparin dans son Cours d'agriculture, quand elles y sont sollicitées par la légèreté du terrain, d'abondants engrais et l'existence de couches fraîches et profondes ou de cours d'eau inférieurs au sol. M. Fournet rapporte avoir vu de ces racines longues de 3 mètres; nous en avons vu nous-même de 2 mètres sur les bords du Rhône. Mais, quand elles ne plongent pas dans un sol profond, l'allongement des racines est arrêté par la rencontre des racines des pieds voisins, et elles ont alors rarement plus de 10 à 20 centimètres de longueur. »

J'avoue que je ne comprends pas comment ce dernier fait peut se produire; si le sol n'est pas assez profond pour les racines d'une certaine plante de blé, leur allongement vers le sous-sol ne peut pas être arrêté par celles des plantes voisines qui ne peuvent pas s'allonger davantage. Cette rencontre des racines peut se produire *latéralement*, quand le semis est trop serré, mais elle n'explique pas pourquoi elles ne descendent pas plus bas.

M. Nobbe a mesuré la longueur des racines d'une plante de blé qu'il avait élevée dans un vase rempli de terre et régulièrement arrosée. Au moment où ce blé allait épier, il a trouvé :

17 racines de 1er ordre	avec	4m,287 de longueur totale.			
2989	—	2e	—	39 256	—
7215	—	3e	—	37 608	—
513	—	4e	—	1 204	—
10734 racines diverses,	avec	82m,355 de longueur totale.			

Dans une autre plante de blé mûr, il y avait 67 223 racines, avec une longueur totale de 520 mètres.

Ces dimensions colossales ne peuvent s'expliquer que par la dimension du vase et le grand volume de terre que la plante avait à sa disposition. D'après le Dr Müller, ces racines devaient avoir plus de 4 mètres carrés de surface, dont à peu près 1 mètre carré de surface active, c'est-à-dire en état d'absorber de la nourriture dans le sol. C'était une touffe exceptionnelle, comme celles qu'on rencontre quelquefois isolées dans des terres très fertiles.

Quand les blés sont très clairsemés, le développement des racines est très grand et leur poids dépasse beaucoup celui des parties extérieures de la plante, et, dans ces conditions, il se forme un tallage très abondant, mais relativement peu de grains.

Ainsi l'état plus ou moins perméable et plus ou moins pénétrable aux racines du sous-sol exerce une certaine influence sur le rendement du blé, mais cette influence n'est pas aussi grande que pour d'autres plantes, par exemple pour la betterave, la luzerne, etc. Il ne faut pas seulement prendre en considération la profondeur jusqu'à laquelle s'étendent les dernières ramifications des racines, mais il faut surtout tenir compte de la profondeur de la couche où se forment le plus de ces racines; or nous verrons au chapitre XI, quand nous décrirons le mode de végétation du blé, que ses racines les plus importantes se forment au collet de la plante, et que, par conséquent, c'est la couche supérieure de la terre qui en contient le plus. Le froment est plutôt, comme la plupart des graminées, une plante à racines superficielles qu'une plante à racines profondes; c'est pour cela que les engrais solubles, comme le sulfate d'ammoniaque ou le nitrate de soude, que l'on répand sur lui au printemps, agissent si rapidement. C'est pour cela que dans les assolements on fait alterner les céréales avec des plantes à racines profondes; celles-ci vont puiser dans le sous-sol les matières nutritives que le blé, l'avoine ou l'orge ne pourraient plus atteindre. Les chiffres suivants confirment ce fait :

Sur 100 racines de blé, M. Stœkhardt en a trouvé, le 8 juin, 63 dans la couche arable et 37 seulement dans le sous-sol. Leur poids sec équivalait par hectare à 936 kilogrammes dans la couche arable et à 560 kilogrammes dans le sous-sol. Le total ne fait que 1496 kilogrammes par hectare. On en trouve ordinairement beaucoup plus; mais le rapport entre les racines superficielles et les racines profondes n'en est pas moins intéressant.

Dans un champ de loam argileux dont la couche végétale avait 34 centimètres d'épaisseur, le sous-sol 31, le tout reposant sur un fond de sable grossier, M. Hellriegel a constaté, sur 4 décimètres carrés de surface :

Jusqu'à 20 centimètres de profondeur, 820 racines.
De 20 à 54 — 200 —
De 54 à 78 — 26 —
Au delà de 78 — 0 —

Au total, le poids des racines qu'une récolte de blé laisse dans le champ qui l'a produite est pourtant beaucoup moins considérable que celui qui reste après un trèfle ou une luzerne. D'après M. le Dr Weiske, de Proskau, en Silésie, les racines et chaumes du blé pèsent en moyenne, à l'état sec, 3888 kilogr. par hectare et contiennent 26^{kg},4 d'azote, 20^{kg},7 de potasse et 13^{kg},3 d'acide phosphorique, tandis que pour la luzerne et le trèfle le poids sec de ces résidus de récolte s'élève en moyenne à 10 000 kilogr., avec 152 à 215 d'azote, 41 à 90 de potasse, et 44 à 84 d'acide phosphorique.

Parmi les propriétés physiques des terres, une des plus importantes pour le blé, c'est l'aptitude de ces terres à retenir assez d'eau pour subvenir aux besoins de sa végétation. Ces terres doivent, comme l'a dit le comte de Gasparin, en contenir environ 23 p. 100

à 30 centimètres de profondeur pendant la période herbacée de la végétation, et environ 10 pour 100 pendant la saison de la maturation.

Dans des vases contenant du sable qui pouvait retenir au plus 25 pour 100 d'eau, et, comme engrais, des sels solubles de potasse, de chaux, de soude et de magnésie unis à de l'acide phosphorique, de l'acide sulfurique, du chlore ou de l'acide nitrique, M. Hellriegel a maintenu l'humidité de 2 1/2 à 5 pour 100 pour le 1er, de 5 à 10 pour 100 pour le 2e, etc., et obtenu les résultats suivants :

Humidité du sol.	Paille et balle.	Grain.
	gr.	gr.
2 1/2 à 5 p. 100	7,01	2,76
5 à 10 —	15,05	8,42
10 à 15 —	21,39	10,30
15 à 20 —	23,26	11,42

Avec moins de 2 1/2 pour 100 d'humidité dans le sol, le blé souffrait et se fanait.

Les marnages et les engrais riches en matières organiques peuvent jusqu'à un certain point donner aux terres sablonneuses le pouvoir de retenir l'eau qui leur manque. En y ajoutant les labours profonds, les Flamands ont réussi à transformer en bonnes terres à froment des sables qui étaient primitivement presque aussi stériles que ceux de la Campine; mais une telle transformation est plus difficile sous les climats secs du Sud et de l'Est de l'Europe que sous le ciel brumeux et souvent pluvieux de l'Ouest. Dans certaines contrées il faut avoir recours à l'irrigation pour donner aux terres très perméables l'eau qui est nécessaire à la végétation du blé. Les extrêmes du climat corrigent jusqu'à un certain point les extrêmes contraires du sol, et il en résulte des moyennes qui conviennent au blé. Le blé aime les terres à propriétés physiques moyennes. Il aime les limons comme ceux qui couvrent les riches plaines de la Beauce, du pays de Caux, de la Picardie, etc.; la seule chose qui leur manque, c'est la chaux, mais le sous-sol peut leur en fournir facilement. Le blé aime surtout les terres argilo-calcaires profondes.

Par contre, le blé ne se plaît pas dans la terre *creuse*, comme disent les cultivateurs; il n'aime ni les terrains tourbeux, ni les gazons ou bois nouvellement défrichés et contenant encore beaucoup des débris végétaux non décomposés. Dans ces terres il vaut mieux faire d'abord de l'avoine ou du colza et n'en venir au froment qu'après qu'elles se sont bien rassises.

Il faut même éviter de semer le blé sur un terrain récemment défoncé, et attendre que la terre ramenée du sous-sol à la surface ait eu le temps de s'oxyder.

CHAPITRE IV

Place dans les assolements et cultures préparatoires du blé.

Les peuples de l'antiquité paraissent avoir tous suivi l'assolement biennal; la jachère alternait avec une céréale. Dans le Sud de l'Europe, c'était une céréale d'automne, généralement du froment; la sécheresse du climat ne permettait pas les semailles du printemps. Dans le Nord, c'étaient au contraire des céréales d'été, de l'avoine et de l'orge; les hivers étaient trop rudes pour le blé. Mais, à mesure que les défrichements de forêts eurent adouci la température et que les améliorations foncières eurent assaini et réchauffé les terres, la culture du blé s'avança du Sud des Gaules vers le Nord et de proche en proche dans toute la Germanie et la Grande-Bretagne. Les variétés s'acclimatèrent, ou plutôt il s'en forma de nouvelles qui pouvaient supporter les rigueurs des hivers, et, à l'époque de Charlemagne, on put adopter l'*assolement triennal* (jachère, blé d'automne et céréales de printemps), qui peu à peu se répandit dans la plus grande partie de l'Europe centrale. Il y prédomine encore, plus ou moins modifié par l'adoption de la culture des racines et du trèfle; son cadre triennal est plus ou moins bien rempli, mais il se conserve, et il est entré non seulement dans nos mœurs agricoles, mais dans nos lois; les biens de mineurs ne peuvent être loués que pour trois, six ou neuf ans au plus, et ce système de location est appliqué non seulement aux domaines ruraux, mais également aux immeubles des villes.

Dans le climat humide de l'Ouest de l'Europe et des montagnes du Centre, les terres s'enherbent facilement; ce sont des pays à pâturages où les races de bêtes à cornes se sont perfectionnées pour ainsi dire par elles-mêmes; la culture du froment n'y a qu'une place restreinte, limitée par les besoins de la consommation locale. Le pâturage est rompu momentanément, et, après quelques années de céréales, on le laisse se reformer spontanément. C'est le système *semi-pastoral*.

Les vrais pays à froment sont des pays plus secs, soit par suite de la nature de leur sol, soit par suite de leur climat, et en général ils sont, en même temps, ou du moins ils étaient autrefois, des pays à moutons. Les troupeaux se nourrissaient sur les jachères, en automne sur les chaumes et principalement sur les landes ou savarts. Autour de chaque grande ferme il y avait une zone de champs cultivés en assolement triennal, et plus loin les pâturages à moutons. La jachère nue était la règle, et les troupeaux n'avaient guère que la paille pour l'hivernage. Avec une telle nourriture, le fumier ne pouvait pas être bien riche; on le complétait par le parcage, et l'on obtenait ainsi une dizaine d'hectolitres de blé par hectare.

Mais, à mesure que la population augmenta dans le centre de l'Europe, il fallut lui procurer à la fois plus de pain et plus de viande. Comment pouvait-on y arriver, sans modifier cette méthode d'exploitation? Si, pour avoir plus de blé, on avait gagné sur le pâturage, on aurait diminué la production de la viande, et si, pour avoir plus de pâturage, on avait empiété sur les champs, on aurait diminué la production du froment. Pour sortir de ce cercle vicieux, il n'y avait qu'un moyen : au lieu de se borner à recueillir les fourrages fournis par la nature, il fallait faire des fourrages que l'on a appelés *artificiels*, en employant une partie de la jachère à faire des trèfles ou en semant dans l'avoine, au lieu de ce trèfle, soit de l'esparcette, soit de la luzerne, suivant la nature des terres. Du même coup, on pouvait nourrir sur la même surface plus d'animaux et mieux les nourrir en hiver; on obtenait plus de fumier et du meilleur fumier, et, grâce à cette augmentation d'engrais, chaque hectare de blé rendit quelques hectolitres de plus.

A l'époque de Charlemagne, une livre de viande ne valait guère plus qu'une livre de blé. Peu à peu, à mesure que sa consommation a augmenté, le prix de la viande a haussé. Cette hausse a permis de faire plus de dépenses pour la produire, et, comme le rendement des céréales était en quelque sorte obtenu *par-dessus le marché*, il en est résulté ce fait remarquable, que la moyenne du prix du blé n'a presque pas varié depuis plusieurs siècles. Il est vrai que la valeur nominale du blé a augmenté après le xvi° siècle, quand la valeur de toutes choses s'est accrue par suite de l'abondance des métaux précieux et de tous les moyens de payement. Il est vrai également qu'il y eut jusqu'à la fin du xviii° siècle des variations de prix beaucoup plus considérables que dans le nôtre. Les moyens de transport manquaient; tantôt le blé surabondait, tantôt il n'y en avait presque pas, et la population souffrait de la faim. Mais, au milieu de ces oscillations extrêmes, les grandes moyennes restaient presque invariables.

Du reste, le progrès de l'agriculture n'a pas été uniforme dans toute l'Europe; loin de là. Dans les contrées souvent ravagées par la guerre ou toujours soumises aux caprices du despotisme, l'agriculture ne pouvait pas prospérer plus que le commerce et l'industrie, tandis que, dans les pays qui ont plus tôt joui des bienfaits de la paix et de la liberté, les richesses de toutes sortes ont pu également se développer plus tôt.

Parmi ces pays privilégiés, la Lombardie et les Flandres ont été au premier rang, et nous leur devons l'exemple des principaux progrès de notre agriculture. Après avoir introduit dans leurs assolements les fourrages artificiels, les raves et un certain nombre de plantes industrielles, les Flamands ont reconnu qu'il fallait éviter de faire céréale sur céréale, mais intercaler entre elles soit une plante légumineuse, soit des racines ou du colza; ils ont ainsi découvert le principe de la *culture alterne*, immense progrès, parce que le produit de toutes les plantes et celui du blé en particulier étaient augmentés sans qu'on y consacrât plus de frais, uniquement parce qu'elles se suivaient dans un ordre plus conforme à leurs besoins et se faisaient ainsi du bien les unes aux autres.

Des Flandres ces méthodes rationnelles de culture ont passé dans la vallée du Rhin et en Angleterre, où elles ont servi de base au célèbre assolement de quatre ans de Norfolk : 1º turneps, betteraves, pommes de terre, etc.; 2º céréales d'été; 3º trèfle et graminées; 4º blé d'hiver. Dans certains comtés on conserve le pâturage pendant deux ans. Le point de départ de la rotation est la sole de racines : le fermier anglais profite du printemps pour nettoyer sa terre à fond; scarifiages, hersages, ramassage des mauvaises herbes à la main, il n'y épargne rien; puis il y met tout son fumier de ferme, souvent avec une addition de phosphates, et il sème ses turneps.

Après les turneps, le froment d'hiver ne réussit pas toujours; on fait de préférence du blé de printemps et surtout de l'orge, quelquefois de l'avoine. C'est en quatrième année que le blé d'hiver a sa place accoutumée. On rompt le trèfle de bonne heure, et, si les terres ne sont pas bien rassises, on les consolide au moyen d'un rouleau Croskill ou d'un *land presser* avant de faire les semis. Dans les terres fortes on conserve encore quelquefois la jachère complète; mais le plus souvent on y fait des fèves, et, comme on le sait, c'est un des meilleurs précédents pour le blé d'hiver.

Sur le continent, les cultures sont beaucoup plus variées que dans les Îles-Britanniques. Dans l'assolement biennal du Midi de la France, le froment suit le maïs, qui lui cède une terre, en général, nette de mauvaises herbes, mais passablement épuisée, car le maïs est très vorace. Il faudrait prendre l'habitude d'aider le blé au moyen d'engrais chimiques.

Après le colza, après le tabac, après les choux, les froments d'automne réussissent presque à coup sûr. Ils viennent également bien après des fourrages verts (vesces, pois, sarrasin, seigle vert, maïs fourrage, etc.), qui peuvent être suivis d'une sorte de demi-jachère.

Quant aux racines (betteraves, pommes de terre, carottes), il faut qu'elles soient enlevées de bonne heure, pour qu'on ait le temps de semer encore le blé en automne. Un seul labour peu profond, quelquefois même le scarificateur, suffit pour préparer la terre aux semailles; mais souvent il serait bon d'y joindre la compression par un rouleau. Toutes ces récoltes ont l'avantage de laisser une terre bien nette de mauvaises herbes. Elles emploient les attelages et les ouvriers dans des moments où les céréales n'en ont pas besoin. Elles peuvent supporter, sans en souffrir, des doses de fumier de ferme très considérables. En général, on estime qu'elles absorbent les deux tiers de ses éléments nutritifs et qu'elles en laissent un tiers au blé; du reste, elles ne prennent pas tous ces éléments dans les mêmes proportions que le blé.

Le trèfle, la luzerne te l'esparcette, que l'on intercale dans la rotation, font mieux encore : elles enrichissent en azote la couche arable. Quand ces fourrages ne contiennent pas beaucoup de mauvaises herbes, on peut, après un seul labour donné en temps humide, faire suivre leur deuxième coupe du semis de blé. Sinon, il faut se contenter de la première coupe, rompre par un labour léger et en donner un plus profond avant les semailles. En général, deux labours valent mieux qu'un seul. L'usage d'un rouleau compresseur est souvent utile; il empêche la terre de rester trop *creuse*. Si la saison est trop sèche pour que la rompaison puisse être faite convenablement et pour que le sol puisse prendre le *rassis* qu'exige le froment, il faut faire le travail plus tard et, au printemps, semer de l'avoine. Quelquefois on peut, du reste, faire encore un blé après cette avoine, et même deux blés de suite, si l'on a soin de répandre sur le défrichement de 500 à 600 kilogrammes de superphosphate de chaux ou 1000 kilogrammes de phosphates des Ardennes pulvérisés.

Pour obtenir des betteraves très riches en sucre, les agriculteurs allemands évitent de leur appliquer directement le fumier de ferme. Ils emploient ce fumier sur la sole de blé qui précède les betteraves à raison de 50 à 60 000 kilogrammes à l'hectare avec 300 à 400 kilogrammes de superphosphate de chaux. Pour éviter la verse, ils choisissent des variétés de froment qui y sont peu sujettes, par exemple le blé à épi carré de Schireff, dont le rendement atteint, dit-on, 50 hectolitres à l'hectare. Mais on peut obtenir également des betteraves très riches en sucre si l'on partage le fumier de ferme entre elles et le blé, en ayant soin de compléter cette demi-fumure par des engrais chimiques.

Les règles des assolements alternes pouvaient nous apprendre à mieux utiliser les ressources de notre sol, mais elles ne pouvaient lui donner ni l'acide phosphorique ni la potasse qui y font quelquefois défaut. Grâce aux progrès récents de la chimie agricole, on est arrivé aujourd'hui à compléter ces règles et à augmenter encore le rendement des céréales, soit en mêlant au fumier de ferme les substances qu'il ne contient pas en quantités suffisantes, soit en les appliquant directement sur les champs et les récoltes. L'alternat le plus intensif ne pouvait pas dépasser certains rendements, par exemple 25 hectolitres de blé à l'hectare en moyenne, s'il n'avait à sa disposition que les fumiers qu'il produisait lui-même. En y ajoutant des engrais chimiques à la fois bien appropriés aux besoins des terres et des plantes, suivant les principes que j'ai cherché à établir dans le chapitre II, on peut aller plus loin encore; on peut atteindre le chiffre de 30 hectolitres par hectare, et, si l'on cultive des variétés de blé également bien adaptées aux conditions de la ferme, le rendement du blé peut s'élever à 35 hectolitres, quelquefois encore plus.

Voici un exemple qui montre bien comment le produit du blé peut augmenter avec les progrès de la culture : c'est celui des fermes qui ont été cultivées successivement depuis 1784 dans la commune de Puiseux par quatre générations successives de *Thomassin*, une de ces dynasties agricoles dont s'honore le département de Seine-et-Oise.

De 1784 à 1810, sous le premier des Thomassin, le rendement des blés a varié de 18 à 24 hectolitres à l'hectare. On suivait alors l'assolement triennal avec jachère nue et seulement un peu de luzerne, de trèfle et de bisailles.

De 1810 à 1836, sous M. Victor Thomassin, le rendement a varié de 20 à 34 hectolitres. L'exploitation avait dès lors 270 hectares, et elle les a conservés depuis cette époque. On vendait de la paille, mais on rachetait, en retour, 140 voitures de fumier. De plus, on tenait un bétail nombreux, et, pour le nourrir, on faisait, outre les luzernes et les trèfles, des fourrages verts sur une partie de la jachère.

De 1836 à 1864, sous M. Stanislas Thomassin, les récoltes de froment sont de 25 à 44 hectolitres par hectare, grâce aux marnages, à une production fourragère et à des fumures plus abondantes. On fait surtout beaucoup de luzerne, et l'on commence à cultiver la betterave pour une petite distillerie.

Enfin, de 1862 à 1877, M. Théophile Thomassin agrandit la distillerie, et, pour lui fournir assez de betteraves, il établit sur les meilleures terres (220 hectares) l'assolement suivant : 1, betteraves ; 2, blé ; 3, betteraves ; 4, blé ; 5, avoine ; avec annexe de 30 hectares de luzerne. Le rendement du blé dépasse 32 hectolitres et s'élève quelquefois à 51. Les moins bonnes terres, trop sablonneuses, sont laissées en assolement triennal, et le seigle y remplace le blé. On nourrit sur la ferme 17 chevaux, 20 bœufs de travail, 600 moutons en été, 900 en hiver. De plus, on achète des boues de Paris, des tourteaux d'arachides, des superphosphates, des nitrates et des sulfates d'ammoniaque.

La chimie ne s'est pas bornée à compléter l'alternat, elle a permis de s'en passer, si les propriétés physiques du sol et les circonstances économiques s'y prêtent. Autrefois on était obligé de conserver le fumier de ferme, parce qu'on n'aurait pas su comment le remplacer. Aujourd'hui la chimie lui a arraché tous ses secrets ; elle peut souvent, avec ses sels, obtenir tous les résultats que donne le fumier, et, si l'on continue à employer ce fumier, c'est surtout parce qu'on y trouve un avantage économique. MM. Lawes et Gilbert ont cultivé pendant quarante années de suite du blé dans le même sol, et les engrais chimiques leur ont donné un rendement moyen de plus de 30 hectolitres à l'hectare. Ce blé coûtait trop cher, il est vrai. Mais la possibilité chimique était démontrée. Quant à la possibilité économique, elle dépend des temps et des lieux. Tant que le prix des animaux et de leurs produits sera aussi élevé qu'il est aujourd'hui comparativement au prix du blé, les fermes avec une culture exclusive ou du moins prédominante de blé au moyen d'engrais chimiques ne seront que des exceptions. Mais il y a déjà quelques-unes de ces exceptions.

Nous avons cité les 308 hectares que M. Émile Rémond cultive à Minpincien, en Brie. Il ne nourrit sur sa ferme que les animaux nécessaires pour les travaux (11 chevaux, et de 16 à 40 bœufs, en moyenne 27) et un troupeau de moutons (400 têtes), tout juste suffisant pour consommer les pulpes de sa distillerie et les pailles ou fourrages invendables. Il obtient ainsi de quoi donner à ses 44 hectares de betteraves une demi-fumure d'environ 18 000 kilogr. à l'hectare.

On peut objecter que la ferme de M. Rémond se trouve dans des conditions exceptionnelles : on y avait abusé de la culture de la luzerne et l'on peut maintenant abuser de celle des céréales. Mais, en Brie, cette ferme n'est pas la seule de ce genre, et peut-être en trouverions-nous également en Beauce ou ailleurs.

Voici, d'un autre côté, M. Prout, à Sawbridge, en Angleterre, qui, depuis vingt-sept ans, cultive des céréales (blé, orge et avoine) d'une manière presque ininterrompue sur 180 hectares de loam argileux à sous-sol d'argile ou de gravier calcaire ; la terre ne reçoit que des engrais chimiques, elle est labourée, hersée et moissonnée à la vapeur, et elle donne ainsi en moyenne 36 hectolitres 1/2 de blé pesant 75 kilogr. et 5000 kilogr. de paille. Il n'y a que de loin en loin, tous les huit ou dix ans, du trèfle [1], du sainfoin ou,

1. À Sawbridge, comme à Minpincien, la terre était fatiguée de porter des légumineuses. Mais le régime des engrais chimiques l'a remise, et aujourd'hui on y fait de temps en temps du trèfle, que l'on enfouit comme engrais vert.

quand les terres sont trop infestées de mauvaises herbes, jachère nue.

La ferme n'a, en fait d'animaux, que six à huit chevaux, qui servent à semer les céréales en lignes, à les biner, à faucher les fourrages, les faner et les transporter jusqu'aux meules. Donc, presque pas de fumier produit. Mais tous les blés, sauf ceux qui sont faits sur trèfle rompu, reçoivent, au moment des semailles, un mélange de 381 kilogr. d'os pulvérisés, de 127 kilogr. de superphosphate de chaux et de 127 kilogr. de guano du Pérou, en tout 635 kilogr. par hectare, coûtant 117 francs. Quand c'est nécessaire pour les fortifier, on y ajoute au printemps 126 kilogr. de nitrate de soude. De même pour l'orge et l'avoine. Les récoltes des céréales sont vendues sur pied, à l'enchère.

Loin de s'affaiblir, les récoltes ont toujours été en augmentant depuis vingt ans. M. Vœlcker, le regretté chimiste de la Société royale d'agriculture, qui a analysé les terres et les engrais, était même d'avis qu'on pouvait y diminuer la dose d'acide phosphorique sans qu'aucune trace d'épuisement fût à craindre.

Pour rendre possibles les labours à la vapeur, M. Prout, qui est propriétaire de ses fermes, a disposé tous les champs en grandes pièces entourées de bons chemins d'exploitation et établi des réservoirs d'eau. Il a drainé et défoncé les terres. Toutes ces dépenses en améliorations permanentes lui ont coûté 112 500 francs, soit 625 francs par hectare. Or, en moyenne, M. Prout a pu faire payer à sa propriété 5 pour 100 de ces dépenses d'amélioration, 3 1/2 du prix d'achat, qui a été de 400 000 francs, et 11 pour 100 du capital d'exploitation, qui s'élève au chiffre de 1250 fr. 25 par hectare.

En concentrant toutes ses forces sur une même production, celle des céréales ; en réduisant ainsi les frais de production au minimum (peu de bâtiments, peu de chevaux, peu d'ouvriers) ; en employant les procédés les plus perfectionnés de la chimie et de la mécanique, de manière à obtenir le plus grand produit possible, M. Prout imite, jusqu'à un certain point, les méthodes de division du travail, qui ont si bien réussi à l'industrie manufacturière.

Peut-être verrons-nous un jour de vastes exploitations de ce genre établies sur les plateaux de la Picardie, de la Beauce ou de la Brie. M. Decauville nous en a déjà donné un exemple à Petit-Bourg. Leur caractère distinctif n'est pas la culture exclusive des céréales; on peut appliquer les mêmes principes, en se spécialisant en vue de la production des herbages et du bétail, de la betterave à sucre, de la vigne, ou, comme c'est ordinairement plus avantageux, en continuant à réunir dans la même ferme plusieurs productions qui s'entr'aident les unes les autres. L'essentiel est d'employer tous les moyens que la chimie et la mécanique peuvent nous fournir aujourd'hui pour produire à bon marché.

Nos plus redoutables concurrents, ce ne sont pas les petits cultivateurs qui défrichent 60 hectares dans l'Ouest de l'Amérique; ce sont ces immenses *Possada farms*, comme celle de M. Dalrymple. Non seulement elles ont leurs terres presque pour rien; mais elles savent aussi se servir de toutes les machines les plus perfectionnées, et le travail y est divisé avec une précision mathématique. Dans la lutte que nous avons à soutenir contre eux, il ne faut pas laisser aux Américains tous les avantages. Il ne faut pas que nous leur soyons inférieurs comme instruction agricole. Il faut que, comme eux, nous employions les machines pour remplacer la main-d'œuvre trop chère, et, pendant qu'ils épuisent leurs terres, il faut que nous enrichissions les nôtres par les engrais chimiques [1].

1. Par suite même de la crise agricole et aussi par suite des progrès de la chimie, les phosphates sont en baisse. Profitons de cette baisse pour les employer partout où ils peuvent être utiles.

CHAPITRE V

Variétés de blé.

Parmi les perfectionnements que la plupart des cultivateurs peuvent introduire dans la production de leur blé, celui qui donnera le plus de profit, celui qui en abaissera le prix de revient de la manière la plus certaine, parce qu'il permet d'en augmenter, à peu de frais, le produit brut dans une proportion souvent considérable, c'est le choix de variétés bien appropriées au climat et aux terres de leur ferme.

Avant d'importer dans sa ferme de nouvelles variétés, il faut commencer par tirer le meilleur parti possible de celles que l'on a l'habitude d'y cultiver. Il faut chercher à les améliorer par la sélection, en choisissant non pas seulement les plus beaux grains, mais les grains provenant des plus beaux épis et des plantes qui ont à la fois le plus de beaux épis et une paille assez forte pour les porter sans être exposée à la verse. C'est la méthode la plus sûre et la plus économique pour se procurer de bons semences.

Ce qu'il y a de mieux, c'est de faire son choix sur les plantes encore debout avant la moisson et de donner la préférence à celles qui sont bien saines, avec deux ou trois tiges aussi égales que possible, à paille forte, surmontées d'épis longs et bien remplis. Sinon, on peut encore arriver à d'excellents résultats en faisant couper sur le blé en javelles ou déjà lié en gerbes, par des femmes ou des enfants intelligents, les plus beaux épis, puis en les faisant battre ou égrener à part et semer dans un jardin ou dans un bon coin de terre. En choisissant ainsi chaque année de quoi faire une dizaine de litres, on en aura l'année suivante assez pour ensemencer un hectare, et, en continuant avec persévérance cette méthode de sélection, on sera certain d'obtenir les blés les mieux adaptés au sol et au climat de l'ensemble de la ferme.

Si, au lieu de se proposer seulement de conserver et de perfectionner les qualités distinctives d'une ancienne variété, on choisit les épis qui ont certains caractères spéciaux, et si ces caractères finissent par se fixer dans le blé que l'on récolte, on sera libre de considérer ce blé comme une nouvelle variété et de lui donner un nom particulier. Beaucoup de nos variétés les plus connues n'ont pas eu d'autre origine.

Quelques agriculteurs anglais ont acquis, comme créateurs de variétés perfectionnées de blé, presque autant de réputation que les Bakewell et les Collins comme créateurs de races perfectionnées de bétail.

Le major Hallet, à Brighton, dans le comté de Sussex, a réussi, en choisissant les plus beaux épis de diverses variétés et semant leurs grains de bonne heure (en août et septembre) à une faible profondeur et très clair (seulement un grain par pied carré), dans une riche terre de jardin, à porter le nombre des grains des épis de l'*Original red* de 79 à 123 après 3 années de sélection, ceux du *Victoria* de 60 à 113 après 6 années, ceux du blé *Hunter* de 90 à 134 après 6 années, et ceux du *Goldendrop* de 39 à 96 après 7 années. De là ses fameux blés généalogiques (*pedigree*).

Tandis que Hallet visait uniquement à perfectionner d'anciennes variétés de blé, Patrick Shireff, en Écosse, cherchait à former des variétés nouvelles, en parcourant les champs de blé du comté de Haddington et y choisissant des épis qui avaient des caractères spéciaux.

« En 1857, dit-il, il y avait dans mon champ d'essais des plantes provenant de plus de 70 épis que j'avais recueillis l'année précédente. Après les avoir récoltés et examinés avec soin, je conservai pour des essais ultérieurs les grains qui semblaient promettre quelque chose, et laissai de côté les autres. Des nombreuses variétés nouvelles que contenait ma collection, j'en fis peu à peu passer 3 dans la grande culture. L'une d'elles fut appelée *blé rouge Shireff*; je l'avais trouvée dans un champ de blé Hunter, et je la considère comme un type de *vieux rouge Lamma*. La 2e fut le *blé Shireff blanc*, et la 3e le *blé Pringle*. »

Quelques années plus tard, Patrick Shireff eut recours à l'hybridation pour faire de nouvelles variétés de blé : il obtint, entre autres, le *blé King Richard*, en fécondant des fleurs de son blé Shireff blanc avec du pollen de blé Talavera.

En France, nous avons les Vilmorin, qui, de père en fils, depuis plusieurs générations, rendent de grands services à notre agriculture, en nous faisant connaître les meilleures variétés de l'étranger et en améliorant les nôtres. Nous devons à Louis Vilmorin la meilleure classification des blés, celle qui est aujourd'hui adoptée partout, et son fils, M. Henri Vilmorin, ne s'est pas contenté d'améliorer nos variétés de blé par sélection, il en a créé de nouvelles par hybridation, et quelques-uns de ces hybrides, obtenus récemment dans son école de blés de Verrières, le blé *Dattel*, le blé *Lamed* et le blé *Aleph*, ont donné des rendements très remarquables dans les fermes où ils ont été essayés. Voici ce que M. H. Vilmorin a bien voulu m'écrire au sujet de ces trois nouveaux blés :

« L'idée de faire intervenir le métissage (ou croisement entre variétés de la même espèce) devait venir tout naturellement à qui cherchait à provoquer des variations dans les races de blés afin d'obtenir quelque chose de supérieur à ce qu'on avait jusqu'ici. Elle s'est précisée par la pensée qui en est la conséquence de croiser entre elles des variétés choisies en vue du but à atteindre et non pas les premières venues.

« Le premier objectif précis a été d'obtenir un blé qui, avec les qualités du Chiddam d'automne à épi rouge, n'eût pas son défaut de donner très peu de paille. Pour l'atteindre, j'ai croisé le Chiddam en question avec le Prince-Albert, et le résultat a été le *blé Dattel*, c'est-à-dire qu'entre dix ou douze formes obtenues à la suite du croisement j'en ai choisi une, qu'au bout de cinq ou six années de sélection j'ai fixée assez complètement pour que le blé Dattel soit une des races les plus régulières et uniformes qui existent.

« D'autres croisements faits la même année ont donné de nombreuses races, parmi lesquelles j'ai conservé, après de nombreuses éliminations :

« Le *Lamed*, croisement du blé de l'île de Noé avec le Prince-Albert.

« L'*Aleph*, croisement du blé de Noé avec le blanc de Flandre ou blé de Bergues. Depuis j'ai fait d'autres croisements et j'ai beaucoup de nouvelles formes à l'étude.

« Voici les caractères des blés multipliés et annoncés :

« *Aleph*. — Variété remarquable par son tallement extraordinaire, la longueur de ses épis et l'extrême beauté de son grain, qui est très plein, long et gros et d'une blancheur parfaite. Mais en revanche c'est un blé tardif, ayant hérité du blé de Noé une tendance assez prononcée à prendre le charbon. Il n'est que moyennement résistant à la verse.

« Après deux ans d'expériences en grand, je l'ai abandonné, mais, cette année, il a donné des résultats tellement beaux dans diverses cultures, que je reviens un peu sur mon appréciation. L'année chaude et sèche était justement ce qu'il fallait pour pallier ses défauts et mettre ses qualités en relief. Chez notre collègue M. Pluchet, il a donné à peu près 48 hecto-litres à l'hectare (12 hectol. 50 sur 27 ares). Il est plus haut de paille que le Noé, talle beaucoup plus ; tant qu'il est vert, il a la teinte glauque du Noé. L'épi ressemble à celui du Noé, mais est bien plus long.

« *Dattel*. — C'est un Chiddam d'automne à épi rouge, plus grand et plus fort dans toutes ses parties, ayant notamment 15 centimètres de paille de plus; l'épi un peu plus large et d'un brun moins foncé, le grain plus gros, tout en restant très plein et très blanc. C'est un beau blé, tallant bien, résistant parfaitement à la verse, très productif et convenant aux bonnes terres riches. Il donne de très gros rendements et est demi-hâtif. Il réussit bien et est déjà recherché dans les environs de Paris, surtout en Brie, et dans le Nord.

« Le *Lamed* est, au contraire, plus en faveur en Beauce et dans les pays secs et chauds. Il est hâtif, talle un peu moins que le Dattel, mais a les épis plus forts. Il offre une ressemblance assez marquée dans les caractères de l'épi avec le blé de Bordeaux, mais il a la paille bien plus belle et plus creuse. Le grain en est gros, rouge pâle, très plein et lourd. Bien que ce blé ait été obtenu vers 1874 ou 1875, et par conséquent qu'il ait été sélectionné avec soin pendant dix ans déjà, il ne s'est pas fixé aussi complètement que les autres, et il s'y trouve toujours tous les ans quelques épis blancs. »

Le blé Galland, qui s'est fait une certaine célébrité, a été également obtenu par hybridation. M. le vicomte de Thury a donné récemment sur les résultats de sa culture aux environs d'Orthez, dans les Basses-Pyrénées, les détails suivants :

« J'en ai obtenu à l'hectare 32 hectolitres de 80 kilogrammes, soit 2560 kilogrammes blé. Ce blé avait été semé trop clair, à raison de 150 litres à l'hectare; il en faut au moins 200; et cela pour deux causes différentes : d'abord, le grain étant énorme, ainsi qu'on a pu s'en assurer à la halle d'Orthez les jours de marché, il y en a un nombre bien moins considérable à la mesure; puis, comme il est très tendre, il se casse plus facilement à la machine que les blés durs. Ceci, pour la meunerie, n'est pas un inconvénient, mais oblige à semer plus épais. Si j'avais semé 200 litres à l'hectare, j'aurais eu peutêtre 7 à 8 hectolitres de plus.

« Mes autres terres, cultivées par métayage, ne me rendront pas plus de 16 à 18 hectolitres à l'hectare. On cite un de mes voisins, propriétaire cultivant lui-même, qui a eu sur un champ 24 hectolitres à l'hectare. Par la substitution du blé Galland au blé du pays et une dépense de 400 kilogrammes d'engrais, soit 118 fr. à l'hectare, j'ai donc au moins 14 hectolitres de blé de plus à l'hectare. A 20 fr. seulement, cela fait 280 fr., soit 162 fr. de bénéfice net argent, sans tenir compte de la valeur de la paille et de l'engrais non encore consommé qui se trouve dans le sol. C'est un placement fait à 200 pour 100 sur mon propre terrain.

« Tout le monde a pu juger de la qualité de la farine de blé Galland et du pain qu'elle donne. J'ai entendu lui reprocher d'être un peu tassée, ce qui, pour certaines personnes, serait un inconvénient, mais, pour d'autres personnes et dans d'autres contrées, un grand mérite, en Espagne et en Italie par exemple. Mais il est facile de remédier à cet inconvénient, si on le désire. Le blé Galland ne donne à la mouture que 9 kilogrammes de son par 100 kilogrammes de blé, au lieu de 18 kilogrammes que donne le blé ordinaire; il n'a donc que fort peu de céréaline. Sa farine, également, est plus riche en amidon qu'en gluten : la levée de la pâte est donc plus difficile. Il faut un levain plus fort, ou, ce qui vaut mieux encore, employer de la levure de bière, comme le fait toute la boulang'rie du nord de la France, qui n'a que des farines de blés riches en amidon à travailler. J'ai fait faire chez moi, par une fille de basse-cour qui n'y entendait rien, mais avec de la levure pour levain, du pain de blé Galland parfaitement levé, et mon meunier, qui avait moulu ce blé, me disait que, dans le même espace de temps, il moudrait 2 hectolitres contre 1 de blé ordinaire. »

Dans ma ferme de Calèves, près du lac de Genève, le blé Galland ne m'a pas donné des résultats aussi avantageux que dans le sud-ouest de la France. Au lieu de conserver ses caractères, il a rapidement dégénéré, et je crois que ce fait mérite d'être signalé :

Le blé que j'avais fait venir avait, comme le dit M. le vicomte de Thury, des grains énormes et remplis d'une farine éblouissante de blancheur. Le blé hybride Galland a, de plus, un caractère tout particulier. Au moment où ils se montrent, les épis ont des barbes, mais ils les perdent en mûrissant.

La première année, presque tous les épis avaient ce caractère ; je n'en remarquai que très peu qui n'avaient pas de barbe du tout.

La deuxième année, la moitié environ des plantes avaient cette barbe éphémère; l'autre moitié était imberbe.

La troisième année, les imberbes formaient la grande majorité. Ils différaient encore des premiers sous d'autres rapports. Leurs épillets étaient plus écartés les uns des autres, et les grains offraient une cassure cornée tout autre que la cassure blanche et farineuse du froment primitif.

Comment avait pu se produire cette rapide dégénérescence?

Pour tâcher de m'en rendre compte, j'ai semé à part quelques lignes de blé barbu et quelques autres de non barbu.

En observant avec soin leur végétation, j'ai trouvé que le premier souffre plus des hivers froids que le deuxième, et que sa maturation est plus tardive de huit à quinze jours.

Or le blé Galland venait des environs de Ruffec, dans la Charente-Inférieure, contrée où les hivers sont beaucoup moins rigoureux qu'aux environs de Genève et où les étés sont aussi moins secs. Or ce n'est pas seulement de la chaleur que dépend l'époque de la maturation : elle dépend de la proportion d'humidité que renferment le sol et l'atmosphère. A Ruffec le blé Galland s'était habitué à mûrir lentement; dans le canton de Vaud il était surpris plutôt par la sécheresse.

Voici ce qu'on raconte sur l'origine du *blé bleu* ou *blé de Noé* :

En 1826 un chargement de grains d'Odessa offrit à un riche et intelligent meunier de Nérac, nommé Planté, une singularité qu'il n'avait pas encore aperçue : c'étaient des grains de blé beaucoup plus gros, d'une forme plus ronde, d'un jaune plus beau que ceux qu'il avait coutume de recevoir de ses correspondants. Il eut l'idée de les séparer et de les propager comme devant donner des résultats probablement remarquables. Il réussit au delà de ses espérances. Il obtint un blé à tige courte, robuste, ayant un épi court, gros, nourri et cylindrique, toujours dressé et sans barbe, arrivant à maturité quinze jours plus tôt que les blés du pays. La plante étant, jusqu'au moment de la récolte, d'une couleur glauque bleuâtre, on lui donna le nom de blé bleu. Le Dr Duffour, qui, après avoir longtemps exercé avec distinction son art à Paris, s'était retiré dans la ferme de Bazin, près de Lectoure, étudia attentivement l'importation du fermier Planté ; il se rendit compte de la grande précocité et du rendement productif du blé bleu, supérieur de 3 ou 4 hectolitres par hectare, toutes les circonstances de culture égales d'ailleurs; il mit un grand zèle à le faire adopter dans le département du Gers. Un ancien élève de Roville, exploitant la ferme de Caumont, dans l'île de Noé, appartenant à M. le marquis de Noé, fit connaître ce blé excellent à son propriétaire, qui le recommanda à M. Darblay. Dès lors des essais sur une grande échelle furent faits dans la Beauce par les Darblay, les Rabourdin, les Lefèvre, c'est-à-dire par les cultivateurs et les meuniers les plus importants du pays. Peu à peu la culture du blé bleu se répandit dans une grande partie de la France, et elle y a rendu des services importants. Il résiste très bien à la verse, mais il a le défaut de s'égrener facilement. Ce qu'on appelle *blé de Bordeaux* ou *rouge inversable* n'en est qu'une sous-variété, obtenue par sélection, et le *blé de l'île Verte* paraît être encore un dérivé de ce blé de Bordeaux. L'île Verte se trouve au milieu de la Gironde, entre son embouchure et la ville de Bordeaux, et ce blé est le produit des cultures très soignées qu'y fait faire M. Laurent.

Le blé de Noé a été une importation du sud de la Russie. En voici une qui nous arrive, au contraire, du nord-ouest de l'Europe, et qui paraît devoir nous donner des résultats également remarquables! C'est le *blé Shireff*, que M. H. Vilmorin a désigné, dans ses *Meilleurs blés*, sous le nom de *blé à épi carré*. Cette variété provient probablement du Yorkshire. De là elle a été introduite en 1874 dans le Danemark, où elle a pris rapidement une grande extension, et, depuis 1879, en Allemagne, où elle n'a pas tardé à être en grande faveur. Elle est tout spécialement utile aux fermes qui, pour obtenir des betteraves très riches en sucre, les sèment après un blé auquel elles appliquent les grosses fumures. Le blé Shireff supporte bien le fumier frais; grâce à sa paille très résistante, il donne, sans verser, des récoltes qui atteignent, dit-on, 40 quintaux métriques à l'hectare. Il est vrai que, pour obtenir ces énormes rendements, les agriculteurs allemands ont soin d'ajouter à 40 000 kilogr. de fumier de ferme, en automne, 400 kilogr. de superphosphate de chaux et souvent au printemps du nitrate de soude; de plus ils le sèment en lignes écartées de 18 à 20 centimètres, de manière à pouvoir le biner facilement au printemps.

Le blé Shireff doit se semer en octobre ou au commencement de novembre. Il supporte très bien les froids de l'hiver et les gelées tardives, parce qu'il est lent à entrer en végétation au printemps, mais il talle cependant beaucoup. Il réussit mieux que tout autre dans les argiles froides et compactes. Il est aussi peu sujet à la rouille qu'à la verse, mais il n'atteint ses plus hauts rendements qu'avec de riches fumures.

C'est une variété à essayer dans nos fermes. En 1885 il a donné 40 quintaux métriques à l'hectare dans le champ d'essais de Grignon et dans les meilleures terres de la ferme d'Armainvilliers, chez M. Eug. Mir. A Cappelle, près Templeuve, dans le département du Nord, M. Florimond Desprez a récolté en 1885, par hectare :

	Grain. Kilogr.	Paille. Kilogr.
Blé Shireff blanc à paille blanche (de provenance française)..............	3805	6990
Blé Shireff rouge à paille blanche (écossais)	3806	5280
Blé Shireff rouge jaune à paille blanche (allemand)	3795	5120
Blé Shireff rouge jaune à paille blanche (danois)......................	3765	5360
Blé jaune d'Australie à barbe........	4048	7850
Blé blanc de Flandre à paille blanche (blé de Bergues)...................	3308	7455
Blé roux Nursery à paille blanche....	3150	8320
Blé blanc Chiddam à paille rouge....	2994	6228
Blé roseau........................	3921	6730
Blé rouge Lamed Vilmorin à paille rouge...........................	3150	5955

Ainsi le blé Shireff a été surpassé comme quantité de grain par le blé d'Australie et par le blé roseau. Sa qualité est supérieure au premier, mais inférieure au deuxième.

Dans le même département, à Bersée, M. Simon-Legrand n'en a obtenu, avec 60000 kilogr. de fumier et 250 kilogr. de nitrate de soude, que 32 hectolitres, pesant 82 kilogr. Dans les mêmes terres et avec les mêmes engrais, le blé roux à paille rousse, le blé roux à paille blanche, et surtout le blé Prince-Albert ont donné des rendements plus élevés [1].

1. D'après MM. Porion et Dehérain, le blé à épis carrés a donné 40 quintaux de grains à Wardrecques, dans le Pas-de-Calais, et 48 1/2 quintaux à Blaringhem, dans le département du Nord (1885).

Dans la Charente-Inférieure, chez M. le Dr Menudier, au Plaud-Chermignac, près de Saintes, le blé Shireff a tout à fait manqué. Sa culture paraît devenir de moins en moins avantageuse à mesure qu'elle s'avance vers le sud, sans doute parce qu'il est de plus en plus exposé à l'échaudage.

« Dans l'Isère, écrit M. Michel Perret, en terrain d'alluvion, après une culture de tabac fortement fumée qui aurait occasionné la verse de toute autre espèce de blé, le Square-Head s'est tenu ferme, avec une paille magnifique, mais, à la fin de juin, il a été subitement échaudé; la maturation, encore incomplète, s'est arrêtée, et le rendement a été réduit à 20 hectolitres à l'hectare d'un blé très médiocre, alors que l'ensemble de mes emblavures me donnait cette année une moyenne de 39 hectolitres de blé bleu, très beau, vendu pour semence.

« Il serait vraiment fâcheux, ajoute M. Perret, que cette grande résistance à la verse du blé Shireff ne pût pas être utilisée dans les parties méridionales de la France. Ne pourrait-on pas chercher à hybrider ce blé avec les espèces qui réussissent le mieux dans chaque localité? C'est l'expérience que je tente en ce moment ».

Lorsqu'un cultivateur essaye la culture de variétés de blé qui ont bien réussi ailleurs, mais qui sont nouvelles pour lui et pour sa contrée, il fait tout le contraire de la sélection. Ces variétés ont été, il est vrai, obtenues ou améliorées par la sélection dans leur lieu d'origine; mais cette sélection les a spécialement adaptées aux conditions de sol et de climat de ce lieu d'origine; et elles ne réussiront ailleurs que si elles y trouvent à peu près ces mêmes conditions.

On peut, en les adoptant à propos, profiter immédiatement de tout le travail qui les a perfectionnées et arriver ainsi tout d'un coup à des résultats magnifiques; mais il faut être prudent dans ces importations et n'introduire ces variétés nouvelles dans la grande culture qu'après les avoir essayées en petit pendant plusieurs années.

Le magnifique livre que MM. Vilmorin ont publié sur les *Meilleurs blés* peut nous guider dans le choix des variétés qui paraissent avoir le plus de chances de succès chez nous. Ils ont soin d'indiquer toutes leurs qualités et tous leurs défauts, ainsi que les climats et les sols auxquels chacune de ces variétés convient le mieux et pour lesquels ils sont, en réalité, les *meilleurs blés*.

« Comme dans les animaux, dit M. H. Vilmorin, il y a dans les plantes des races plus ou moins perfectionnées qui répondent aux divers degrés d'avancement de la culture. Les unes, rustiques, sobres, peu exigeantes, s'accommodent des plus mauvaises terres et permettent d'en tirer tout ce qu'elles peuvent donner : ce sont des instruments précieux, à l'aide desquels on arrive à faire peu, mais encore quelque chose, avec presque rien. D'autres, au contraire, très avides d'engrais, très exigeantes, incapables de supporter la misère et les privations, sont, en revanche, les seules qui puissent tirer des très bonnes terres les rendements exceptionnels auxquels on doit viser dans la culture à grandes dépenses. Entre ces deux extrêmes on trouve une foule d'échelons intermédiaires. Qu'on essaye de mettre les bons blés dans les terres maigres, les blés pauvres dans les terres fertiles, et le résultat sera mauvais des deux côtés : dans un cas on ne récoltera rien, dans l'autre, la récolte ne payera pas les frais de culture. »

« Tout essayer et conserver ce qui est bon », dit un vieux proverbe, et c'est, en agriculture comme en toutes choses, le moyen de concilier le progrès avec la prudence. Mais il faut essayer avec une certaine méthode et une certaine suite; et, dans ce but, il est utile, pour le choix des variétés de blé comme pour celui des engrais, non seulement de faire des essais par-ci par-là, mais d'avoir un coin de terre spécialement affecté aux expériences, autant que possible enclos, divisé par des sentiers et situé de manière qu'on puisse y aller souvent et surveiller ou mieux encore y faire soi-même tous les travaux de semailles et de récolte. Du reste, les champs d'essais bien organisés sont si intéressants qu'ils ne tardent pas à devenir la promenade favorite du cultivateur.

Dans les écoles ils servent en même temps d'enseignement, et cet *enseignement par les yeux*, s'il est utile aux élèves, l'est aussi aux cultivateurs des environs qui apprennent ainsi à connaître les variétés qui conviennent le mieux à leur climat et à leurs terres.

A l'école pratique d'agriculture de Saint-Remi, dans le département de la Haute-Saône, les rendements des diverses variétés de blé cultivées dans le champ d'essai ont été les suivantes en 1882 :

VARIÉTÉS	ÉPOQUE DE LA SEMAILLE	ÉPOQUE DE LA LEVÉE	POIDS DE L'HECTOLITRE	RENDEMENT EN	
				Grain	Paille
			Kilogr.	Kilogr.	Kilogr.
1. Blé rouge inversable......	8 octobre.	18 octobre.	73 50	37 56	5000 »
2. Blé Chiddam.	—	25 —	75 50	34 63	4714 28
3. Blé Spalding.	—	18 —	74 »	34 38	5172 72
4. Blé Hickling.	—	20 —	75 »	31 74	5316 88
5. Blé blanc de Flandre........	—	20 —	75 »	30 67	6803 33
6. Blé Richelle blanche........	—	20 —	76 »	30 50	3036 82
7. Blé blanc d'Essex...........	—	20 —	75 »	28 52	4555 55
8. Blé Victoria.	—	18 —	75 50	28 28	3333 33
9. Blé Nestoba.	—	17 —	75 »	25 78	4755 81
10. Blé Prince-Albert.........	—	20 —	75 »	23 03	5717 81
11. Blé de Saumur ou gris Saint-Laud....	—	22 —	75 »	22 36	5400 85
12. Blé Haie ou de Trimtalo...	—	20 —	76 50	22 22	5000 »
13. Blé blanc d'Angers.......	—	22 —	74 50	21 03	5066 47

Les blés de grande culture ont donné des différences encore plus considérables, parce que l'influence des terres et des récoltes précédentes est venue se joindre à celle des variétés de blé.

VARIÉTÉS	NATURE DU SOL	CULTURES PRÉCÉDENTES	ÉPOQUE DE LA SEMAILLE	POIDS DE L'HECTOLITRE	RENDEMENT A L'HECTARE EN		
					Grains	Paille	Menue paille
				Kil.	Hect.	Kil.	Kil.
1. Blé bleu...	Argilo-calcaire.	Jachère.	19 sept.	70 »	45 »	8206	1100
2. Id	Id.	Maïs, vesces, fèves.	28 —	70 »	43 25	6787	1000
3. Blé roseau.	Id.	Betteraves.	29 —	75 »	36 »	7200	»
4. Blé bleu...	Id.	Id.	5 nov.	75 »	32 25	5778	800
5. Blé Goldon-drop.........	Id.	Trèfle.	28 sept.	75 »	32 »	4500	700
6. Blé de printemps ordinaire.......	Argilo-siliceux.	Colza, betteraves.	13 mars.	75 »	24 50	5154	692
7. Blé rouge de Hongrie.	Id.	Pommes de terre.	28 sept.	75 »	21 »	4275	500
8. Id.........	Id.	Trèfle.	14 oct.	70 »	18 50	4200	533

A l'école pratique d'agriculture des Merchines, près de Vaubecourt, dans le département de la Meuse, M. Millon ne cultivait, jusqu'en 1854, que les blés du pays et leur rendement moyen ne dépassait pas 12 à 13 hectolitres. Parmi les blés améliorés qu'il a successivement essayés dans ses champs d'expériences, il a adopté, pour les introduire dans la grande culture, en première ligne, le blé d'Australie, puis le Chiddam, le Hallett et le Goldendrop, qui se valent à peu près, dit-il. Aujourd'hui il récolte, en moyenne, 35 à 36 hectolitres de blé à l'hectare; quelquefois il a atteint 44 hectolitres.

M. L. Grandeau a rendu célèbre le champ d'essais de l'école pratique d'agriculture Mathieu de Dombasle, qui est situé à Tomblaine, près de Nancy, et très bien dirigé par M. Thiry. Le tableau suivant donne les résultats obtenus en 1885 :

VARIÉTÉS	QUINTAUX A L'HECTARE	
	Grain.	Paille.
1. Aleph..............	26.14	78.74
2. Australie..............	30.20	73.21
3. Haie	29.57	65.00
4. Hunter white..........	24.45	68.52
5. Hickling..............	33.67	60.00
6. Lamed	30.33	61.66
7. Square-Head..........	34.71	57.70
8. Dattel..............	31.79	58.86
9. Blood red..............	30.18	57.80
10. Goldendrop	25.86	62.32
11. Galand	27.19	56.35
12. Zélande	25.21	58.82
13. Bordeaux..............	30.48	48.00
14. Victoria	19.97	52.50
15. Poulard blanc lisse....	25.39	41.00
16. Blanc de Flandre......	21.02	38.32
17. Chiddam d'automne...	18.31	38.23
Moyennes générales..	27.68	57.47

Le blé de Noé, le blé de Bordeaux, le blé rouge de Saint-Laud, le blé seigle, le blé Hérisson barbu et, dans les départements du Sud et de l'Ouest, la Richelle de Naples peuvent aussi bien être semés à la fin de l'hiver ou au printemps qu'en automne. M. Henri Vilmorin les a appelés *blés de Février*, parce que, semés pendant ce mois ou en janvier, ils peuvent donner, dans les bonnes terres, des rendements qui ne le cèdent pas beaucoup à ceux des froments d'automne, rendements qui sont, dans tous les cas, d'un cinquième au moins en grain et en paille supérieurs à ceux des blés de printemps proprement dits qui se sèment en mars. Ces blés de Février peuvent rendre de grands services quand les semailles n'ont pas pu être achevées avant l'hiver ou quand des froids excessifs ont détruit ceux qui avaient été semés en automne.

Dans toutes les fermes de quelque importance il est prudent de faire un peu de blé de printemps. Une partie des grains, conservés jusqu'à la fin de l'hiver, peuvent être très précieux pour fournir des semences de remplacement dans le cas où les blés d'automne auraient été détruits par un hiver trop rigoureux. Ils trouvent, d'ailleurs, avec l'avoine ou l'orge, une place toute naturelle dans les assolements à la suite des pommes de terre ou des betteraves qui ont été rentrées trop tard pour qu'on pût encore semer du froment d'automne.

Le *blé bleu de Noé* a rendu des services inappréciables, semé au printemps, après l'hiver désastreux de 1870 à 1871. Cultivé plusieurs années de suite comme blé de mars, son grain devient plus petit et un peu plus rouge. Le blé Hickling de mars aime les terrains et les climats secs.

M. Vilmorin a obtenu d'un semis de Hérisson brun le *Hérisson sans barbe*, excellent blé de mars qui demande un sol d'une certaine richesse, mais y résiste mieux à la verse que l'ancien blé Hérisson à barbe entrecroisée.

Le blé *Pluie d'or* ou *Goldendrop* de mars donne de 28 à 30 hectolitres d'un grain rouge, très long, avec une paille haute et blanche. Enfin le plus fin et le plus productif des blés de printemps est le *Chiddam blanc de mars*.

En général, il est bon d'avoir, dans toutes les grandes cultures, plusieurs variétés de blé. Si les unes doivent être semées et moissonnées plus tôt que les autres, la répartition des travaux devient plus facile et l'on peut, avec le même nombre d'attelages et d'ouvriers, cultiver une plus grande surface. De plus, ces variétés ne sont pas toutes également sensibles aux accidents météorologiques qui surviennent dans l'année ; tantôt c'est l'une d'elles qui donne le plus, tantôt c'est l'autre ; il est rare qu'elles manquent toutes à la fois, et la moyenne de la récolte reste ainsi plus constante. Il se produit une sorte d'assurance mutuelle entre elles.

On obtient également cette répartition des chances favorables ou défavorables lorsque dans le même champ on sème, au lieu d'une seule variété, plusieurs variétés de blé. Ordinairement ces variétés ne fleurissent pas en même temps. Or c'est la période la plus dangereuse de la végétation ; il suffit d'une pluie froide pour la compromettre. Si cette pluie fait couler les fleurs d'une des variétés, les autres se tirent d'affaire ; toutes ne sont pas frappées à la fois. Quant à la maturation, elle n'en arrive pas moins à peu près à la même époque pour toutes ces variétés ; dans tous les cas, il y a si peu de différence, que l'on peu, sans aucune crainte, couper le blé dès que l'une d'elles est mûre ; les autres achèvent parfaitement de mûrir en tas ou en moyettes. L'essentiel, c'est de choisir des variétés qui aiment à être semées à la même époque.

« C'est un fait bien établi, dit M. H. Vilmorin, par de nombreux essais, que le mélange de deux variétés distinctes de blé donne presque constamment un rendement en grain plus considérable que celui qu'on aurait obtenu de l'une ou de l'autre de ces variétés cultivée seule ; aussi voit-on souvent des cultivateurs ensemencer leurs terres avec des blés mélangés.

« On s'explique l'avantage de cette manière de faire, si l'on considère que chaque variété de blé diffère de toutes les autres, non seulement par ses caractères extérieurs, mais, dans une certaine mesure, par sa manière de se nourrir, par ses exigences spéciales et par la nature des éléments qu'elle puise dans le sol ; ce sont assurément des différences légères, mais suffisantes cependant pour exercer une influence marquée sur le rendement. On a dit très justement, en critiquant les semis trop serrés, que la mauvaise herbe la plus redoutable pour le blé, c'est le blé lui-même ; cela est vrai, surtout si tous les pieds qui se trouvent en lutte et en concurrence appartiennent à la même variété, car les racines de chacun se trouveront constamment en contact avec les racines d'autres plantes qui, au même moment et à la même profondeur, rechercheront dans le sol précisément les mêmes aliments. Si deux variétés différentes ont été ensemencées conjointement, on peut s'imaginer facilement que la compétition ne sera pas aussi complète ni aussi acharnée.

« Un autre avantage de la culture des blés mélangés, c'est qu'on en obtient en général du grain de plus belle apparence ; c'est surtout le cas lorsqu'on a le soin de mélanger un blé à grain jaune ou blanc avec un blé à grain rouge, ou une variété à grain tendre avec une autre qui l'a un peu corné ou glacé ; on obtient de la sorte ce qu'on appelle sur les marchés un blé panaché. Ordinairement, ces sortes de blé se vendent mieux que les blés purs.

« Il y a lieu de remarquer qu'on n'obtient généralement pas de très bons résultats si l'on se sert de nouveau, comme semence, du blé mélangé qu'on a récolté ; presque toujours l'une des deux variétés arrive très promptement à dominer dans le mélange ; il est donc bon de cultiver séparément et pures les variétés qui doivent être mélangées, et de ne les réunir qu'au moment du semis et dans les proportions que l'expérience aura montré être les plus avantageuses.

« Enfin, le mélange des blés permet d'obvier dans une certaine mesure aux inconvénients que pourraient présenter, sous certains rapports, des variétés du reste très bonnes et recommandables. Il y a, par exemple, des races productives donnant de très beau grain qu'on peut hésiter à cultiver seules, parce qu'on peut avec raison craindre de les voir verser ; or, ces mêmes variétés, mélangées avec d'autres de qualité moins fine, mais à paille très forte, très résistante, qui leur serviront d'appui, pourront mûrir dans de meilleures conditions et sans risquer de tomber; on obtiendra ainsi un produit assuré en grain et en paille. »

M. Rémond, à Minpincien (Seine-et-Marne), fait son blé de semence par la sélection, comme le recommande M. H. Vilmorin, et son blé de vente par le mélange de plusieurs variétés. Tous les ans il achète à bonne source 1 ou 2 hectolitres des variétés nouvelles qu'il veut essayer, ou des anciennes variétés, blé de Bordeaux, blé de Noé, Chiddam, etc., qu'il connaît déjà comme convenant à sa culture, mais qu'il veut renouveler. Il sème chacune d'elles à part. Sur les produits de la première année, il fait son choix pour semer encore la deuxième année chaque variété à part. Puis, la troisième année il en mélange, soit deux, soit trois ensemble. Il estime que, par cette manière de procéder, il obtient une augmentation moyenne de récoltes de 4 à 5 hectolitres, indépendamment de celle qui est due aux engrais chimiques qu'il emploie et dont nous avons parlé au chapitre II.

A l'école pratique d'agriculture de Saint-Remi, le Père Cordier, son excellent directeur, se loue également beaucoup du mélange des blés du pays avec les meilleures variétés étrangères, surtout des variétés anglaises, par exemple, du blé d'Altkirch avec du blé bleu, du blé bleu avec du blé Hunter ou du blé Hallett.

Les variétés anglaises sont très productives, quand elles réussissent, mais elles souffrent assez souvent des hivers froids de l'Est de la France. Comme M. Rémond, le Père Cordier ne les sème seuls que pour faire de la semence. Pour faire le blé de vente, il les mélange avec les variétés plus rustiques du pays, et « les hivers les plus rigoureux, dit-il, ont toujours laissé assez de plantes pour donner une récolte moyenne dans les terres bien fumées; le tallage remplit en partie les vides faits par les gelées ».

Dans les années à hiver doux il obtient des récoltes de 39 à 40 hectolitres à l'hectare.

En Lorraine, près de Lunéville, M. Paul Genay fait de même : par exemple, en 1876, il a employé par hectare 150 litres de blé de Lorraine, 45 litres de blé bleu, 45 litres de blé Hallett rouge, 35 litres de Hunter et 40 litres de rouge d'Ecosse (mesurés après le sulfatage).

Aux Merchines, près de Bar-le-Duc, M. Millon s'est bien trouvé du mélange de Chiddam, Hallett et Goldendrop, mais il sème le blé d'Australie seul, parce qu'il mûrit dix à quinze jours plus tôt que les trois variétés précédentes.

CHAPITRE VI

Choix et préparation des semences.

Quelles que soient les variétés de blé que l'on adopte, il y a des règles générales à suivre pour le choix et le traitement des graines que l'on destine aux semailles :

Le grain récolté avant sa complète maturité, même celui qui est encore en lait, contient déjà un embryon susceptible de développement. Mais, en pratique, plus le blé est mûr au moment où il est coupé, plus il est propre à servir de semence.

Le grain mal mûr contient plus d'eau que le grain mûr et, par suite, il a plus de chance de s'échauffer lorsqu'il est rentré dans la grange ou mis en tas dans le grenier, après avoir été battu.

Haberlandt a comparé la faculté germinative de blés de divers âges qu'il avait laissés sécher, les uns simplement à l'air, les autres dans une étuve chauffée graduellement jusqu'à 50 et 60 degrés. Les premiers

contenaient 11,3 à 11,7 pour 100 d'eau, les seconds
4,9 à 5,6 pour 100. Tous avaient été conservés dans
des flacons bouchés. Il a trouvé que du blé

	Séché à l'air	Séché à l'étuve	Grains encore capables de germer
De 10 ans donnait......	0	16	pour 100
De 9 —	0	70	—
De 8 —	88	100	—
De 7 —	0	98	—
De 6 —	96	96	—
De 5 —	5	86	—
De 4 —	71	96	—
De 3 —	98	99	—
De 2 —	97	99	—
De 1 —	99	100	—

L'auteur de ces recherches a remarqué lui-même
que tous ses flacons n'étaient pas également bien
bouchés, et qu'il a dû s'y introduire de l'humidité.
Dans tous les cas, il en ressort nettement que *les
agriculteurs ont raison d'employer comme semence les
blés les plus récemment récoltés.*

Mis, à l'état de dessiccation aussi complète que
possible, dans des silos dans lesquels l'accès de l'air
et de l'humidité, ainsi que les changements de température, sont impossibles ou très faibles, les grains
de blé conservent beaucoup plus longtemps leur aptitude à germer. Mais il est probable que l'histoire
des blés de momies égyptiennes, qui purent encore
germer après avoir été enfermés pendant plusieurs
milliers d'années dans des sarcophages à l'intérieur
des pyramides, n'est qu'une fable.

On a imaginé, depuis les plus anciens temps, toutes
sortes de procédés de conservation des blés, fondés,
les uns sur leur état de repos aussi absolu que possible par l'exclusion de toutes les conditions qui
pourraient les faire *bouger*, comme dans les silos,
les autres, au contraire, par une aération et un mouvement continuels, comme dans les greniers Pavy

Autrefois ces procédés avaient une grande importance, parce qu'il fallait chercher à conserver, après les années de récolte abondante, des provisions de grains pour parer aux déficits qui pouvaient subvenir dans les années suivantes. Mais aujourd'hui le perfectionnement des moyens de transport sur terre et sur mer assure tous les pays contre le retour des disettes désastreuses qui, jusqu'à la fin du dernier siècle, décimaient périodiquement certaines populations. Le problème que l'on cherchait à résoudre, en conservant le blé d'une année à l'autre, n'existe plus, parce qu'on peut toujours transporter facilement les grains des pays qui ont eu de riches moissons dans ceux qui en ont eu de moins abondantes. Les vaches grasses existent chaque année dans quelques pays, et elles aident à nourrir les vaches maigres des autres.

Autrefois on estimait les déchets du blé au moins à 5 pour 100 par an en moyenne. A cette perte il fallait ajouter les frais et les intérêts du capital représenté par le stock. Aujourd'hui ces dépenses sont épargnées, ou du moins elles sont remplacées par les frais de transport. Il y a concurrence entre les moyens de conservation et les moyens de transport, et cette concurrence tend à amener la baisse du prix moyen, tout en rendant les alternatives de hausse et de baisse moins sensibles. L'équilibre des prix se fait dans l'espace, au lieu de se faire dans le temps.

D'après une tradition arabe, le blé aurait été apporté à l'homme par l'ange Michaël, et ce blé céleste était de la grosseur d'un œuf d'autruche. Mais, l'homme étant devenu impie, le grain de blé fut réduit à la grosseur d'un œuf de poule, puis il descendit peu à peu à celle d'un œuf de pigeon, puis à celle d'une noisette ; au temps de Joseph il était encore de la grosseur d'un pois.

Nous aurions bien à faire pour ramener la dimension de nos blés à celle d'un œuf d'autruche, et je crois que nous aurons plus de profit à chercher à faire beaucoup de grain par hectare, ce grain n'eût-il pas même la grosseur d'un pois. Du reste, comme nous l'avons déjà dit, les plus gros grains ne donnent pas toujours les plantes les plus productives, et il vaut mieux semer de petits grains provenant de bonnes plantes que de gros grains provenant de mauvaises plantes.

Mais, à provenance égale et à poids spécifique égal, les grosses semences ont certains avantages sur les petites. Elles contiennent relativement plus d'amidon comme réserve pour nourrir les jeunes plantes en attendant que leurs feuilles soient assez développées pour décomposer l'acide carbonique de l'air et fixer son carbone. Celles que les semailles ont enterrées un peu trop profond peuvent plus facilement arriver jusqu'à la lumière et risquent moins d'être perdues. Celles dont les premières radicelles ou la tige principale ont été détruites par la sécheresse, le gel ou quelque autre accident peuvent en reformer d'autres. Toutes végètent avec plus de vigueur. D'après M. le Dr Gustave Marck, des plantes provenant de grosses semences avaient des racines de 585 millimètres de longueur, quand celles des petites semences n'avaient que 291 millimètres. D'autres plantes provenant de grosses graines avaient 314,5 millimètres de hauteur, quand les autres n'en avaient que 282.

Pour montrer que ces différences provenaient de la quantité plus ou moins grande de nourriture de réserve que renfermaient les graines de blé, le même expérimentateur sema le 16 janvier : 1° des graines entières ; 2° des graines dont la moitié de l'amidon avait été enlevé ; 3° des graines dont les deux tiers de l'amidon avaient été enlevés, et il trouva que, le 27 février, les premières avaient 370 millimètres de hauteur, 4 entre-nœuds et une très forte disposition au tallage ; les deuxièmes, seulement 200 millimètres de hauteur et 3 entre-nœuds, avec peu de disposition au tallage ; quant aux troisièmes, ce n'étaient que des plantes naines, avec 130 millimètres de hauteur et 2 entre-nœuds, sans aucun bourgeon axillaire.

M. le Dr G. Marck ajoute qu'aucun engrais ne peut, pendant la première phase de la végétation, remplacer l'amidon contenu dans la graine ; et il en conclut que le cultivateur doit employer comme semences les gros grains de préférence aux petits. Mais il a comparé, dans ses expériences, un certain nombre de grosses graines avec un même nombre de petites. Les résultats n'auraient pas été les mêmes s'il avait comparé les récoltes de deux pièces de terre égales, ensemencées, l'une avec 1 hectolitre de grosses graines, et l'autre avec 1 hectolitre de petites graines. Dans la deuxième il y aurait eu plus de plantes que dans la première, et ce fait aurait compensé jusqu'à un certain point leur force de végétation moins grande.

Quant aux graines qui n'ont qu'un énorme volume, mais dont le poids spécifique est relativement faible, comme celles qu'on obtient quelquefois lorsque l'on sème du blé très clair dans une terre très riche, leur apparence est trompeuse. Elles ne contiennent pas plus d'amidon et elles contiennent proportionnellement moins de matières azotées que des graines un peu moins volumineuses, mais à poids spécifique élevé. Tel blé à grains de moyenne grosseur, mais lourd et bien nourri, fera des plantes plus vigoureuses que tel autre blé à grains volumineux, mais faisant peu de kilogrammes à l'hectolitre.

Néanmoins, étant donné un certain nombre d'hectolitres de blé, il peut y avoir un certain avantage à en enlever les plus petites graines avant de l'employer comme sement. Ce triage se fait, avec celui des graines étrangères, au moyen des cylindres ou trieurs Pernollet, Vachon, Lhuillier, Josse, etc., que tout le monde connaît et qu'il est, par conséquent, inutile de décrire.

Il faut avoir soin de n'employer pour semences que des graines aussi saines que possible ; mais, pour être sûr de détruire les spores de carie qui pourraient s'y trouver, on emploie les procédés bien connus du chaulage ou du vitriolage. Le meilleur, sans contredit, est le vitriolage au sulfate de cuivre (vitriol bleu), à raison de 1 kilogr. de sel pour 400 d'eau pure. Une solution plus concentrée nuirait à la faculté germinative des graines. On met le blé dans une corbeille d'osier à anse et on le plonge dans cette dissolution. Quand il est égoutté, on le met en tas, prêt à être employé comme sement. En général, on le prépare la veille. Si on le faisait quelques jours avant, le blé pourrait commencer à germer : ce qui peut avoir des inconvénients et obligerait, dans tous les cas, à semer plus épais.

En absorbant le liquide, le volume du grain augmente de 20 à 25 pour 100, en sorte que 100 litres de blé sec font 120 à 125 litres de blé vitriolé.

Haberlandt a conseillé l'emploi d'une solution à un dixième pour 100 de permanganate de potasse. Pour préserver le blé de la *nielle*, M. J. Kühn recommande de le tremper dans de l'acide sulfurique étendu d'eau, à raison de 1 d'acide pour 150 d'eau.

CHAPITRE VII

Quantité de semence à employer par hectare.

M. Joulie a fait le dénombrement des épis qu'il y avait par mètre carré dans les champs de blé à 40 hectolitres par hectare des huit fermes de la Brie dont nous avons déjà parlé à propos des engrais. Il a trouvé 400 épis. Pour obtenir cette récolte idéale, combien faut-il semer de grains par mètre carré ? — M. Joulie admet que les pertes faites sur le nombre des grains sont à peu près compensées par le tallage. Il y a par mètre carré en moyenne 400 pieds ou touffes ; donc la moitié des grains n'a rien donné et, par contre, chaque pied porte en moyenne deux épis.

Près de Haguenau, en Alsace, M. Oppermann a obtenu des résultats qui se rapprochent beaucoup de ceux de la Brie : il a semé 403 grains par mètre carré et y a compté en moyenne 402 épis, mais seulement 180 touffes; donc il y a eu un peu plus de grains perdus, mais aussi un peu plus de deux épis par touffe.

Dans les expériences qu'il a faites près de Caen, Isidore Pierre avait semé 408 grains par mètre carré, et ces 408 grains n'ont donné que 146 pieds mères ou touffes. Ainsi 262 grains sur 408, environ 64 pour 100, n'ont rien produit, soit qu'ils fussent notoirement défectueux et incapables de germer (6,35 pour 100), soit qu'ils aient pourri en terre, soit qu'ils aient été mangés ou que les plantes auxquelles ils avaient donné naissance aient péri par des causes diverses. Au moment de la moisson, le 30 juillet, Isidore Pierre a compté en moyenne 3,41 tiges et un peu plus de deux épis par touffe, en tout 275 épis par mètre carré. Chaque épi correspondait donc à une surface de 36 centimètres carrés. La récolte a été de 38 hectolitres par hectare.

Or ces 400 grains par mètre carré ou 4 millions de grains par hectare, combien représentent-ils d'hectolitres? Cela dépend du nombre de grains que peut contenir un hectolitre, par conséquent, du volume de ces grains, de leur forme, de leur surface plus ou moins glissante, du tassement plus ou moins grand de la mesure. Dans les fermes de la Brie dont il a examiné les récoltes, M. Joulie a trouvé que le nombre variait de 2 millions à 2 758 000 par hectolitre de 80 kilogr. Donc la quantité de litres à semer par hectare peut varier de 200 à 145, suivant le volume des grains.

Avec d'autres blés, ces différences pourraient être encore plus considérables. Ainsi, d'après Loiseleur-Deslongchamp :

1 litre de blé Richelle blanche con-
    tenait............................. 12 100 grains.
1 litre de blé de Saumur contenait. 13 400   —
    —   blanc de Flandre con-
    tenait............................. 21 700   —
1 litre de blé tendre d'Odessa con-
    tenait............................. 29 040   —
1 litre de blé de Marianopoli con-
    tenait............................. 46 560   —

La même variété peut avoir tantôt des grains plus petits, tantôt plus gros. D'après de Gasparin, 1 hectolitre de saisette de Provence contenait :

Récolté à Paris...... 1 004 000 grains.
    —   en Provence. 1 702 000   —

Donc, pour avoir 4 millions de grains par hectare, il faudrait semer 331 litres de blé Richelle blanche, tandis que 180 litres de blé blanc de Flandre suffiraient.

Mais tous ces grains n'arriveront pas à germer et à donner des plantes aussi parfaites que le suppose ce calcul théorique. Il faudra faire des corrections aux chiffres qu'il fournit :

1° Si une partie des grains a perdu sa faculté germinative, par exemple un dixième, comme on peut s'en assurer par un essai préliminaire de germination dans de la flanelle mouillée, il faudra augmenter la quantité semée d'un dixième.

2° Suivant que les semences sont enterrées à une profondeur plus ou moins convenable, elles germeront plus ou moins bien et donneront une plus ou moins grande quantité de plantes. C'est pour cela que les semis en lignes permettront de réduire dans une forte proportion les quantités de semences employées.

Il faut décompter également les graines que les oiseaux et les souris détruisent.

3° Puis, quand les jeunes plantes sont sorties de terre, toutes sortes de causes peuvent entraver leur développement. Ces causes varient avec la température de la saison, mais, en général, elles sont moins à craindre pour des semailles faites en temps opportun que pour des semailles tardives, moins dans des terres fertiles que dans des terres trop pauvres ou trop humides. Par conséquent, il faut employer plus de semence quand les semailles sont faites plus tard et dans un sol moins riche, quand les semailles sont tardives ou imparfaitement exécutées, etc.

Comme les blés de printemps tallent moins que ceux d'automne, il faut aussi les semer plus dru.

Mais il faut toujours se rappeler ces vieux proverbes :

« Semez clair, vous récolterez épais. »
« Qui sème dru, récoltera menu. »
« Beau gazon, mauvais blé. »

Si l'on sème trop épais, les plantes, serrées les unes contre les autres et ainsi privées d'une quantité d'air et de lumière suffisante, s'étiolent, et leurs tiges délicates se brisent facilement quand il tombe des pluies abondantes ou que le vent souffle avec violence.

Pour des variétés de froment qui tallent beaucoup, dans des terres très riches et sous un climat très propice ou avec des procédés de semaille spéciaux, dont nous parlerons tout à l'heure, on peut réduire les quantités de semence à 100 litres par hectare ou même moins encore.

Mais, si les semailles trop épaisses doivent être évitées, il ne faut pas non plus tomber dans l'extrême opposé. C'est un mauvais calcul d'économiser sur la semence 50 litres, si la récolte est diminuée par ce fait de 100 ou 200 litres et la paille correspondante.

En résumé, admettons 200 litres comme moyenne de la quantité de blé à semer par hectare.

On pourra la diminuer en raison des circonstances suivantes : variété à petits grains, germant bien et tallant beaucoup, terres fertiles et propres, semis en lignes faits en temps propice. Si toutes ces conditions favorables se trouvent réunies, on pourra réduire la semature à 100 litres par hectare.

Au contraire, si la variété de froment a de gros grains, si ces grains germent mal et tallent peu, si la terre est peu riche et mal préparée aux semailles, si les semailles sont faites à la volée, trop tard pour le blé d'automne ou trop tôt pour le blé de printemps, si, de plus, le climat de la localité est sujet aux extrêmes de température, de sécheresse ou d'humidité, il faudra augmenter la semature, et on devra la porter jusqu'à 300 litres par hectare lorsque tous ces facteurs se réunissent pour compromettre le succès.

CHAPITRE VIII

Époque des semailles.

Pour que la graine puisse germer, il faut que trois conditions principales soient remplies : il lui faut de l'humidité, un certain degré de chaleur et de l'air.

1° *Eau.* Un grain de blé plongé dans l'eau ou mis dans une flanelle mouillée absorbe en 24 ou 48 heures assez d'eau pour pouvoir germer. Haberlandt a trouvé qu'un certain nombre de grains de blé plongés dans l'eau avaient absorbé :

En 1 jour.....................	31,5	pour 100 d'eau.
En 2 jours.....................	37,6	—
En 3 jours.....................	44,5	—
En 4 jours.....................	53,7	—
En 6 jours.....................	60,2	—
En 7 jours.....................	63,4	—
En 8 jours.....................	68,8	—

Dans la terre il faut plus de temps au grain de blé pour absorber la quantité d'eau nécessaire à sa germination, plus ou moins suivant que cette terre est plus ou moins humide.

Il ne peut pas s'emparer de cette eau quand elle est à l'état de vapeur. Mais, dès que cette vapeur se condense par suite d'un abaissement de température dans le sol, la semence peut en profiter. Il m'est arrivé plusieurs fois de semer du blé dans des terres très sèches en apparence, et cependant il a levé sans qu'il soit tombé une goutte de pluie. Pendant le jour, la couche supérieure du sol se réchauffait et ses interstices se remplissaient de vapeur d'eau qui provenait du sous-sol encore humide; puis, le soir, la surface du champ se refroidissait et, non seulement il s'y déposait des rosées abondantes provenant de l'humidité de l'atmosphère, mais il se formait dans les interstices de la couche arable une *rosée intérieure* par suite de la condensation de la vapeur d'eau qui y était montée. Ces doubles rosées absorbées par la terre fine ou déposées sur les grains eux-mêmes finissaient par suffire pour les faire germer.

Par suite de cette absorption d'eau, la graine se gonfle; son volume augmente dans une proportion plus forte que son poids. Les cellules s'allongent; leur contenu se dilate et se prépare à subir les transformations que l'oxygène de l'air et la chaleur vont y amener. En même temps, le grain perd, par suite d'une sorte d'exosmose, une certaine quantité de matières organiques et minérales. Haberlandt a trouvé que cette perte s'élevait en 24 heures pour le blé à 1,14 pour 100 de son poids de matières sèches. Cette exosmose devient visible à l'œil si l'on fait germer des grains dans du sable blanc humide; on ne tarde pas à voir autour de chacune d'elles une petite zone de sable colorée en brun par les substances qui en sont sorties.

L'excès d'eau stagnante nuit à la germination plus que l'excès de sécheresse. La graine se gonfle, il est vrai ; mais, quand l'eau où elle est noyée ne se renouvelle et ne s'aère pas, la germination ne peut pas se faire et la graine pourrit. La sécheresse se borne à la retarder ; mais elle se produit dès que des pluies douces et successives viennent lui donner le mélange d'eau et d'air qui lui est favorable.

2° *Air.* La plupart des graines contiennent, principalement dans les vides qui entourent le germe, une certaine quantité d'air. D'après M. Nowacki, le blé en contient de 8 à 9 pour 100 de son volume et quelquefois beaucoup plus. Les grains de blé tendre en renferment plus que ceux de blé dur. Grâce à cette petite provision d'air, la germination peut commencer à se mettre en train ; mais, pour qu'elle continue et s'achève, il faut que la graine en absorbe beaucoup plus. Sous son influence il se forme de la *diastase*, et ce ferment azoté a la propriété de convertir l'amidon en dextrine, puis en glucose, qui sont solubles dans l'eau et qui, ainsi mobilisés, deviennent aptes à être transportés dans les organes de la plante naissante et à servir à son accroissement.

Ces transformations sont accompagnées d'un dégagement d'acide carbonique et d'oxyde de carbone ; c'est une véritable combustion qui dégage de la chaleur, chaleur qui ne peut pas être constatée dans quelques graines isolées, mais qui devient très sensible lorsqu'elles sont entassées en quantités considérables.

3° *Chaleur.* D'après Haberlandt, le blé ne germe pas à une température de moins de 3 à 4 degrés, ni à une température de plus de 32 degrés. Dans les expériences du savant professeur de Vienne, la germination s'est produite, c'est-à-dire les premières radicelles ont été visibles pour

	Du froment d'hiver.	Du froment de printemps.
Entre 3°,5 et 4°,38...	Après 6 jours.	Après 6 jours.
Entre 8°,2 et 10°,25..	Après 3 —	Après 4 —
Entre 12°,6 et 15°,75.	Après 2 —	Après 2 —
Entre 15°,2 et 19°...	Après 1,75	Après 1,75

En multipliant la température moyenne par le nombre de jours, on trouve de 23°,64 à 29°,07 pour la somme de chaleur employée jusqu'à l'apparition des radicelles.

Le 2 septembre, à quatre heures du soir, j'ai mis 10 grains de blé de diverses variétés dans de la flanelle mouillée, au fond de mon laboratoire.

Déjà le lendemain à huit heures du matin, le blé Hunter et le blé roseau étaient très gonflés, le blé de Noé et le blé rouge d'Écosse ne l'étaient presque pas. Le 5 à huit heures du matin, il y avait 6 grains de blé Hunter germés, 2 grains de blé de Noé; aucun des autres variétés. Le 6 à la même heure, presque tous les grains montraient leurs trois radicelles (fig. 1).

La température moyenne avait été de 14°,7. Par conséquent, le blé Hunter a employé 24°,73 et les autres 39°,63 de chaleur.

Quand les grains, au lieu de se trouver dans de la flanelle humide, sont placés dans de la terre humide à quelques millimètres de profondeur, il faut plus de temps et, par suite, une plus forte somme de chaleur pour que leur tigelle arrive à *pointer* à la surface de cette terre. Dans ces conditions, j'ai trouvé qu'il faut au blé au moins 82 à 85 degrés de chaleur pour

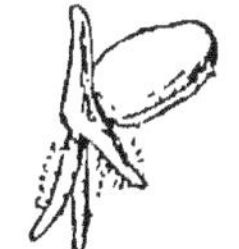

Fig.1.—Grain de blé germé.

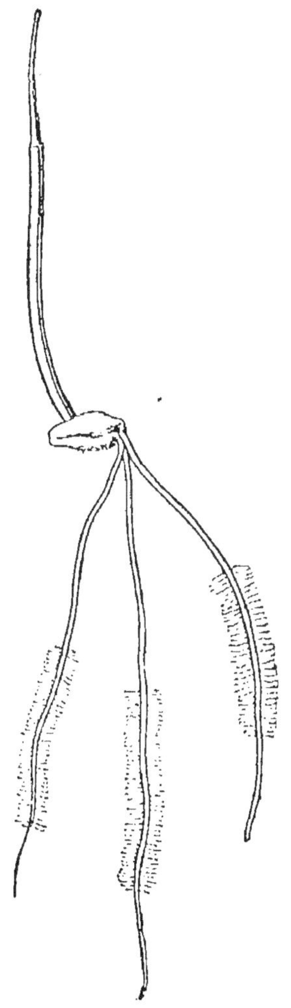

Fig. 2.

lever, et environ 10 à 12 degrés de plus pour chaque centimètre de profondeur à laquelle il est enterré, par conséquent 122 à 129 degrés quand il est recouvert de 4 à 4 centimètres 1/2 de terre (fig. 2).

Si, comme l'a dit Haberlandt, le grain de blé peut commencer à développer ses radicelles à une température de 3°,5 à 4 degrés, je n'ai jamais pu réussir à constater le moindre progrès dans la croissance de sa tigelle quand la température est inférieure à + 6 degrés. Nous pouvons donc considérer + 6 degrés, même pour certaines variétés + 7 degrés, comme la température nécessaire à la levée du blé, et nous guider, d'après cela, pour déterminer l'*époque des semailles*.

Nous n'avons qu'à consulter, dans la région où nous pratiquons l'agriculture, les températures moyennes de l'air pendant les derniers mois de l'année, et nous pouvons être certain que, dans celui où la température moyenne est au-dessous de + 6 degrés, et même pour certaines variétés dans celui où cette température a déjà baissé à + 6 degrés ou + 6°,5, il est trop tard pour semer le blé.

Ainsi, à Paris, la moyenne de novembre a été, de 1806 à 1880, 6°,5, mais il y a eu des années où cette moyenne est descendue à 4 degrés ou même 3°,1. Par conséquent, si l'on ne faisait les semailles qu'en novembre, on aurait peu de chances de voir le blé prendre quelque force avant l'hiver. De là le proverbe : « Quand réussit la semaille de la Toussaint, le père ne doit pas le dire à son fils. »

Mais la moyenne d'octobre a été, pour la même période, 11°,25, et il y a eu peu d'années où elle a été inférieure à 10 degrés. Si, comme je l'ai montré, il faut au froment enterré à 4 degrés de profondeur, dans des conditions d'humidité favorables à la germination, 86 degrés pour lever et 200 à 300 degrés pour former deux ou trois feuilles de plus, ce total de 286 à 386 degrés représente, avec la moyenne d'octobre, 20 à 30 jours de végétation, c'est-à-dire le mois presque entier.

Les semailles faites pendant la première quinzaine d'octobre ont donc toutes chances de succès. Mais déjà celles de la deuxième quinzaine peuvent être compromises, si un excès de sécheresse retarde la germination et si la température baisse beaucoup dès le commencement de novembre. Il est vrai qu'en automne la température moyenne du sol s'abaisse moins rapidement que celle de l'air et que, si les parties extérieures de la jeune plante ne reçoivent plus assez de chaleur pour se développer avec vigueur, les racines peuvent en trouver encore assez autour d'elles pour grandir et absorber des aliments qui font grossir les bourgeons cachés sous l'aisselle des feuilles et produisent ainsi du tallage. Il est vrai que parfois il y survient, après quelques semaines froides, un retour de température plus douce, un été de la Saint-Martin, qui réveille pendant quelque temps la végétation engourdie. Il est vrai aussi que, si l'hiver couvre les champs d'un épais manteau de neige, la terre conserve encore plus longtemps sa chaleur sous cet abri et, quand cette neige disparaît, on trouve que le froment a grandi et pris quelques feuilles de plus. Mais, dans les environs de Paris et dans tout l'ouest de la France, il est rare que la couverture de neige dure assez longtemps pour exercer cette action bienfaisante. Il ne faut donc pas compter sur elle et se rappeler le vieux dicton :

Si tu veux bien moissonner,
Ne crains pas de trop tôt semer.

Semer trop tôt est d'ailleurs ordinairement impossible. Il faut attendre que les champs soient débarrassés de la récolte précédente et que les attelages soient disponibles. Avant de songer au froment, il faut s'occuper du colza, du seigle, des fèves, etc. Souvent, dans les terres fortes, la sécheresse empêche de labourer.

Quelquefois cependant les limaces grises font

beaucoup de mal aux semis précoces. Il est difficile de les détruire, parce qu'elles se cachent pendant le jour sous les mottes de terre, sous les pierres ou dans l'herbe des prés voisins, et, dès que le soleil est tombé, elles reviennent en masse pour dévorer le jeune blé. On cherche à diminuer leurs ravages en semant, pendant la nuit, de la chaux vive sur le bord des pièces de froment, mais c'est peu efficace. Les premières gelées peuvent seules faire façon de ces bêtes voraces.

Dans le Nord-Est de la France et en Allemagne, on sème le blé d'hiver dès le 15 septembre; par contre, dans le Sud-Ouest, on peut les retarder jusqu'en novembre. Il en est de même en Angleterre, où les hivers sont plus tempérés que sur le continent.

Partout on a certaines règles empiriques qui coïncident, en général, parfaitement bien avec les conditions météorologiques du pays. Ainsi Olivier de Serres a dit qu'il faut semer le blé lorsqu'on observe beaucoup de fils d'araignée à la surface des terres labourées. Or ces fils apparaissent, en général, dans le Midi de la France, à la fin de septembre et, dans le Nord, au commencement d'octobre; de plus, pour qu'ils soient nombreux dans un champ, il faut que ce champ ait été labouré depuis quelque temps et que la terre ait pu se rasseoir : ce qui est, comme nous le verrons, une condition de réussite pour les semailles de blé.

Pour le blé de printemps on peut régler l'époque des semailles, comme pour le blé d'hiver, d'après la température moyenne. Pendant la période de 1806 à 1880, la moyenne du mois de février a été, à Paris, de + 4°,3. Dans certaines années, cette moyenne est arrivée à + 6 degrés, et même quelquefois à + 7 degrés. Par conséquent, si l'état de la terre permet de semer le blé dès le mois de février, il y a peu de chances qu'il fasse des progrès sensibles avant le mois de mars. Cela dépend, du reste, des variétés de blé. Celles que M. Henri Vilmorin a appelé blés de Février, par exemple le blé de Noé, ont peut-être une température initiale moins élevée que les autres. La moyenne du mois de mars est, à Paris, de + 6°,5. On a donc raison d'appeler la plupart des blés de printemps des blés de Mars et de les semer, autant que possible, pendant ce mois. Au besoin, on peut les retarder jusqu'aux premiers jours d'avril.

En 1865 les blés de Mars n'ont pas épié à Grignon. Au lieu de les semer en février ou au commencement de mars, comme on le fait ordinairement, on en avait été empêché par le froid et les pluies; on ne les avait semés que tard, en lignes espacées de 25 centimètres. Malgré les grandes chaleurs d'avril, ils avaient bien tallé; les feuilles étaient d'un beau vert, mais il ne se montra pas d'épis : ils avaient été semés trop tard. Cette absence d'épis s'est montrée la même année chez M. Buignet, à Chelles, mais pour de l'avoine.

CHAPITRE IX

Profondeur des semis.

Le 25 août, j'ai mis dans une caisse de la terre de jardin, terre argileuse, mais riche en humus. Je l'ai bien tassée et j'ai disposé sa surface en plan incliné de manière qu'elle s'élevât à une des extrémités jusqu'au bord de la caisse, mais soit à 20 centimètres au-dessous de ce bord à l'autre extrémité. J'ai marqué la pente de la surface au crayon sur l'extérieur de la caisse. Puis j'ai semé des grains de blé sur tout ce plan incliné et je les ai recouverts de terre meuble jusqu'à ras des bords de la caisse, en sorte que, d'un côté, les grains étaient à peine recouverts, tandis que, de l'autre, ils se trouvaient à 20 centimètres et, entre deux, à tous les degrés intermédiaires de profondeur.

Les grains les moins couverts ont montré leur tigelle le 30 août; ceux qui étaient enterrés à 3 centimètres ont pointé le 1er septembre; déjà le 2 on en voyait quelques-uns levés à 6 centimètres, et le 3, à 8 centimètres. Ceux qui étaient à plus de 8 centimètres n'ont pas réussi à traverser la couche de terre qui les séparait de la lumière, excepté deux ou trois qui se trouvaient tout à fait au bord de la caisse.

Le 4 octobre, j'ai enlevé un des côtés de la caisse et, en y versant de l'eau, j'ai fait tomber peu à peu la terre qui entourait les racines, de manière à découvrir celles-ci sans les briser et à pouvoir ainsi étudier leur structure. La figure 3 représente quelques-unes de ces plantes de blé.

Le grain D, qui se trouvait à 11 centimètres de profondeur, n'a produit qu'une plante atrophiée, dont la tige et les feuilles blanches ou jaunâtres se sont contournées en vain, dans les interstices de la terre, pour arriver à sa surface; mais la provision de nourriture renfermée dans la semence a été épuisée avant qu'elles aient pu atteindre la lumière et y absorber l'acide carbonique de l'air. Ces avortons de plantes prennent toutes sortes de formes bizarres dans la sombre prison où elles sont enfermées; les tiges ressemblent à des racines blanches; quelques-unes ne réussissent pas à sortir de la feuille cotylédonaire et là déchirent, en s'y recourbant. Les zigzags qu'elles décrivent proviennent évidemment du plus ou moins de résistance qu'elles trouvent sur tel point ou tel autre pour passer à travers les molécules de terre. Elles ne tendent à prendre une direction verticale et ne se redressent qu'à partir du moment où leur bout réussit à voir le soleil. Celles qui se trouvent au bord de la caisse trouvent moins de résistance que les autres, parce qu'il y a eu un peu de retrait dans la masse.

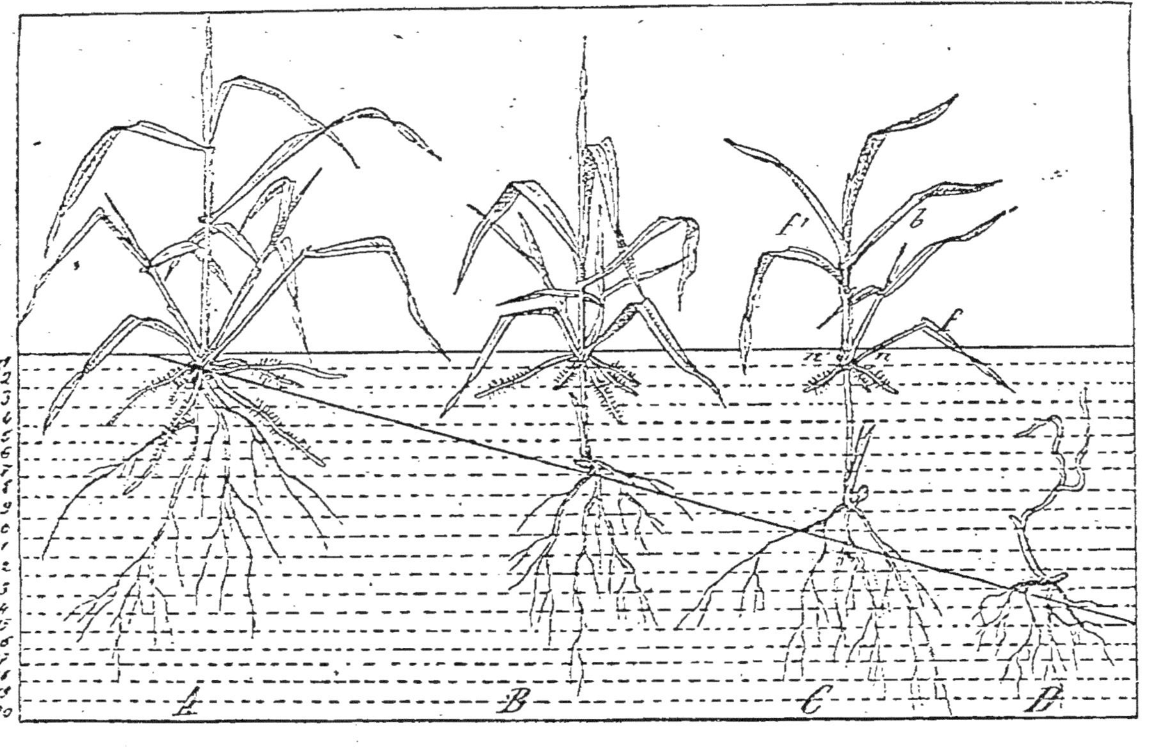

Fig. 3. — Développement de graines de blé semées à diverses profondeurs.

de la terre et qu'il s'est ainsi formé un intervalle
entre cette masse et la planche qui la limitait.
Elles sont en retard sur les plantes qui proviennent de graines placées à moins de 8 centimètres
de profondeur; elles ont moins de feuilles, et les
feuilles sont plus étroites. Elles ont un collet, mais
ce collet, au lieu de se trouver à peu près à la surface du sol, se montre plus bas, et ce fait pourra
nous éclairer sur les conditions dans lesquelles ce
collet se forme.

Comme tous les organes de la plante, les nœuds,
caractéristiques de la tige des céréales, existent
déjà en miniature dans l'embryon de leur graine et
dans la tigelle qui se forme par sa germination.
On pourrait comparer cette tigelle à une lunette
ou à une canne à pêche dont toutes les parties sont
rentrées les unes dans les autres, et les nœuds aux
points d'attache de ces différentes parties. Chaque
nœud est un point où les faisceaux fibro-vasculaires
forment dans la tige une sorte de cloison transver-
sale en s'entre-croisant et se bifurquant pour entrer
en partie dans la feuille qui y correspond, tandis
que, dans les intervalles, dans les entre-nœuds ou
mérithalles, ces faisceaux sont longitudinaux, parallèles à la direction de la tige. Les racines ont,
comme les feuilles, leur point de départ dans les
nœuds, mais au-dessus d'elles, en sorte que les
racines qui sortent d'un nœud sont alimentées en
carbone par la feuille qui sort du nœud suivant et,
réciproquement, ces racines ne peuvent fournir les
matières azotées et minérales qu'elles puisent, avec
l'eau, dans la terre, qu'à la feuille qui part du nœud
suivant et à l'entre-nœud qui les en sépare.

Le premier mérithalle s'allonge jusqu'à ce que la
feuille f, qui correspond au premier nœud n de la
plante C, et la tige qui se trouve au-dessus de ce
nœud puissent recevoir l'action de la lumière, verdir
et commencer à décomposer l'acide carbonique de
l'air. Ainsi le nœud n se rapproche peu à peu de

la surface. Alimenté par la feuille f' du nœud suivant n', il émet des racines qui font grossir la tige et élargir les feuilles au-dessus d'elles. À son tour, le nœud n' développe des racines, et, quand l'alimentation de la plante est assez abondante, les bourgeons qui étaient cachés sous l'aisselle des feuilles, comme b sous la feuille f, peuvent également grossir et former des tiges adventices ou *talles*.

Ces racines nouvelles, formées au collet de la plante, ne tardent pas à supplanter complètement celles qui étaient sorties les premières de la semence. Ces racines inférieures se détachent facilement de la terre qui les entoure, ce qui prouve qu'elles ne fonctionnent plus activement, tandis que les racines supérieures, plus grosses, plus charnues, sont couvertes de poils qui restent entourés de particules de terre.

À la plante B, qui provient d'un grain enterré à 5 centimètres, il y a déjà deux talles, l'une correspondant à la feuille f, l'autre à la feuille f'. Le nombre des racines supérieures me paraît être à peu près égal à celui des feuilles de ces tallages. Chacune de ces tiges adventices a, de plus, une feuille cotylédonaire, comme la tige principale ou la plante entière; ce sont en quelque sorte des plantes secondaires sorties de cette plante mère.

À la plante A, dont la semence n'était recouverte que d'un demi-centimètre de terre, le premier mérithalle n'a pas eu besoin de s'allonger pour porter le nœud et la feuille qui en sortait jusqu'à la lumière. Cette feuille n'a pas eu à traverser une certaine épaisseur de terre et elle a pu commencer à puiser de la nourriture dans l'air avant d'avoir employé toute celle qui était en réserve dans la graine. Aussi la plante est-elle plus avancée et plus vigoureuse que les autres. Cela ferait croire que les semis les moins profonds font les meilleurs blés. Il faut recouvrir les semences pour qu'elles ne soient pas exposées à être dévorées par les oiseaux ou à manquer de l'humidité nécessaire à leur germination, voilà tout. Semer le froment à une trop grande profondeur est plus à redouter que le semer à une trop faible profondeur. Dans les terres fortes, cette profondeur peut varier de 2 à 5 ou 6 centimètres; dans les terres légères elle peut aller jusqu'à 10 ou 12 centimètres. On peut semer les grosses graines un peu plus profond que les petites. Mais, pour chaque sorte de graine, comme pour chaque qualité de terre, il y a une limite qu'il est dangereux de dépasser.

Pour que les semences soient à la profondeur qui leur convient le mieux, il faut, non seulement une terre très bien préparée, mais des semis faits avec beaucoup de régularité.

Souvent on s'imagine que ces semences se trouvent réellement à la profondeur de 4 à 5 centimètres qu'on a voulu leur donner. On se trompe et, si l'on pouvait entr'ouvrir les entrailles de la terre, on en trouverait la plus grande partie cachées à 10 centimètres, 15 centimètres, quelquefois plus, et cherchant en vain à pointer à travers la couche trop épaisse qui pèse sur elle. Pourquoi? — Parce que la terre n'était pas bien rassise au moment où le semis a été fait, parce qu'elle était *creuse* ou *soufflée*, comme disent les cultivateurs du Nord. En faisant l'expérience que j'ai décrite plusieurs années successivement et avec différentes terres, je suis arrivé à me rendre compte plus exactement de la funeste influence que la terre trop meuble et surtout la terre creuse peut souvent avoir sur la culture du blé.

Quand il a fait ses intéressantes recherches sur l'air confiné dans la terre végétale, M. Boussingault a tassé du sable humide dans un vase cylindrique d'une capacité de 34 litres, en le laissant tomber deux fois sur le sol, après l'avoir soulevé à deux décimètres. « Ainsi tassé, dit notre illustre maître, le sable humide, autant qu'on pouvait en juger par le tact, par l'aspect, avait la consistance que possède la terre arable légère quelques mois après les labours. »

En y versant peu à peu de l'eau, M. Boussingault en expulsa 10^{lit},8 d'air. Mais le même sable, ayant été plus fortement tassé en le comprimant avec le pied, à mesure qu'on le mettait dans le vase, on n'en a plus retiré que 3 litres d'air.

Dans les champs labourés, le tassement que M. Boussingault a produit en laissant retomber son vase se produit lentement par suite des pluies qui tombent sur la terre et des variations de la pression de l'air qui s'exerce à sa surface.

En 1885 j'ai rempli ma caisse, qui avait 60 litres de capacité, de terre sèche, terre argileuse en grumeaux plus ou moins gros ; je ne l'ai tassée en aucune façon et j'ai pu constater qu'il y avait près de la moitié de vides intérieurs : 26^{lit},6. J'y ai semé du blé sur un plan incliné, comme celui que j'ai décrit plus haut, et j'ai eu soin de marquer la pente de ce plan, avec de la craie, sur l'extérieur de la caisse. Puis j'ai semé mes grains et j'ai remis de la terre pour les recouvrir jusqu'au bord de la caisse, qui avait 28 centimètres de hauteur. Trois semaines après, la surface du sol était descendue de 4 à 5 centimètres au-dessous du bord de la caisse par suite du tassement qu'avaient produit les arrosements et jusqu'à un certain point de la secousse qu'on avait imprimée à la caisse en la transportant de la serre dans le jardin.

Puis, quand j'ai découvert les racines de mon blé, j'ai pu constater que la plupart de mes graines se trouvaient à une profondeur plus grande que celle où je les avais mises. Non seulement elles étaient toutes descendues, comme la surface de la terre, de 4 à 5 centimètres au-dessous de la ligne que j'avais marquée à l'extérieur de la caisse, mais les unes étaient à 8 centimètres de profondeur au lieu d'être à 5, d'autres à 16 au lieu d'être à 9 centimètres. Ce fait m'a fait comprendre pourquoi aucune des graines que j'avais semées ou du moins que j'avais cru semer à plus de 5 centimètres de profondeur n'avait donné de plante. Le premier effet du tassement et des déplacements, on pourrait dire des chutes qu'il avait amenées plus ou moins irrégulièrement dans l'intérieur de la masse de terre, avait été d'empêcher une partie des semences de germer ou de produire des plantes capables d'arriver jusqu'à la lumière. Ce n'est pas tout. Le tassement de plus en plus prononcé a quelquefois un autre effet sur une partie des plantes qui s'étaient développées et qui avaient commencé à former un collet à la surface du sol.

Par suite d'un tassement plus fort au-dessus de la graine qu'au-dessous ou de la résistance des racines qui empêchent cette graine de descendre encore plus bas, le collet reste en quelque sorte suspendu à quelques centimètres en l'air, et les nouvelles racines qui commençaient à s'y développer sont exposées à périr avant d'avoir pu rejoindre la terre (fig. 4). Quelquefois le poids de la tige et des feuilles recourbe le mérithalle qui supporte le collet et le rapproche du sol, et, si le temps est assez humide, ces racines réussissent à s'y fixer de nouveau et à continuer à croître (fig. 5); mais, s'il survient une sécheresse, la plante est exposée à périr (fig. 5).

Ces deux faits, perte d'une partie des semences parce qu'elles tombent à une trop grande profondeur, et déchaussement des autres, peuvent se produire lorsqu'on sème le blé sur un labour trop frais, même quand ce labour a bien émietté la terre. Dans les expériences qu'il a faites sur les semis de blé, M. Paul Genay, président du comice agricole de Lunéville, a remarqué que, partout où le semoir avait passé avec les coutres relevés de manière à faire un semis à la volée très régulier, les places où les chevaux qui traînaient ce semoir avaient posé les pieds et avaient ainsi raffermi le sol *sous la semence* se distinguaient très nettement par une couleur plus verte. Il y avait sur chacune de ces places à la fois plus de plantes accumulées et des plantes plus vigoureuses que sur le reste du champ ; et M. Paul Genay ajoute : « Tous les cultivateurs ont d'ailleurs été à même de remarquer la bonne levée qui a lieu, dans les champs semés

Fig. 4. — Blé déchaussé par suite du tassement de la terre.

à la volée, dans les traces faites sur la terre avant l'ensemencement par les voitures chargées de semence. »

Quand la terre retournée par la charrue ne s'est pas bien émiettée et qu'elle a été renversée en bandes

régulièrement parallèles sous un angle d'environ
45 degrés, comme cela arrive souvent, parce que la

Fig. 5.

terre est argileuse et trop humide ou parce que les
racines enchevêtrées d'un vieux gazon, d'un trèfle

ou d'une luzerne en relient les molécules les unes
aux autres, alors le mal devient beaucoup plus
grave encore. Ces bandes laissent au-dessous d'elles
et sur le guéret solide des vides triangulaires (fig. 6)
qui peuvent avoir jusqu'à 10 centimètres carrés de

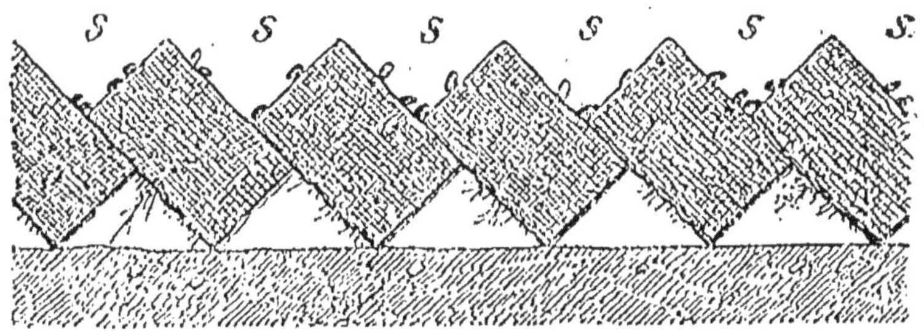

Fig. 6. — Semis à la volée sur laboureuse.

section. Les grains du froment, semés à la volée
sur ce labour cru, tombent pour la plus grande
partie au fond des petits sillons de la surface
(s, s, s de la figure 6), sillons qui correspondent
aux vides triangulaires et n'en sont séparés que par
une faible épaisseur de terre sur les points où les
bandes sont appuyées les unes sur les autres. La
herse elle-même, qui doit recouvrir ces semences,
en réunit encore plus dans ces petits sillons, et ses
dents ne sont pas assez profondes pour combler les
vides qui sont au-dessous. Les pieds des chevaux
qui traînent la herse peuvent seuls rompre sur
quelques points la cloison de terre qui recouvre ces
vides ; mais, en s'y enfonçant, ils y enfoncent avec eux
les graines, et, si le labour a été de 15 centimètres
seulement, ces graines tombent à environ 20 centimètres de profondeur dans des espaces où il leur sera
impossible de germer ou de faire des plantes viables
(fig. 7).

Si le blé est semé à la machine, après que la terre
a été hersée, les inconvénients sont moins grands et
le danger moins immédiat. La plupart des grains

resteront et germeront dans la situation où les a mis le semoir, mais les plantes souffriront plus tard, quand le sol s'affaissera sous elles. Ce qu'on a de mieux à faire; c'est d'éviter autant que possible de semer du froment sur un terrain aussi peu sûr. Le meilleur moyen de le consolider, c'est d'employer le *land presser* que les cultivateurs écossais ont inventé pour cela.

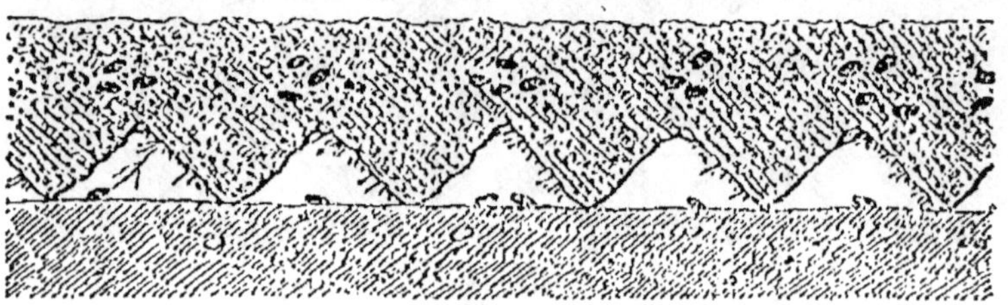

Fig. 7. — Position des grains après le dosage.

Dans sa forme primitive, cet instrument n'avait que deux disques en fonte. Il était traîné par un seul cheval, qui marchait sur le guéret encore solide à côté des bandes que venaient de retourner deux charrues l'une à côté de l'autre. Ainsi chacun des disques, coïncidant avec l'intervalle formé entre les deux bandes, le comprimait immédiatement avec beaucoup de régularité. On pouvait ainsi préparer environ 1 hectare par jour avec deux charrues et un *land presser*, et le blé, semé à la volée sur cette surface en crémaillère, était recouvert à la herse.

Pour faire le travail d'une façon plus expéditive, on a construit des rouleaux à six disques, qui sont montés à peu près comme les rouleaux Croskill; ils pèsent de 600 à 700 kilogr. et demandent deux chevaux pour leur traction. Au lieu de les employer comme les premiers en même temps que deux charrues, à mesure que le labour avance, on commence par labourer la pièce tout entière et l'on y passe le *land presser* ensuite. On peut ainsi presser 4 à 5 hectares par jour. On continue à semer à la volée.

Enfin, pour réunir les avantages de ces disques compresseurs à ceux des semis en lignes, on les a adaptés, mais en dimension réduite, à l'avant de certaines machines à semer. C'est une disposition que je me permets de recommander à l'attention des cultivateurs et des fabricants d'instruments agricoles.

Ce qu'il importe de ne pas oublier, c'est que le sol doit être rassis naturellement ou comprimé artificiellement, soit à l'aide du *land presser*, soit par un rouleau Croskill ou autre, *avant de faire le semis*. Il faut que le grain de blé tombe sur une terre raffermie et qu'il y trouve une assiette aussi fixe que possible. *Au-dessus du grain*, la terre peut être meuble, et il est même bon qu'elle soit meuble.

Dans le Nord de la France, les agriculteurs qui font du blé après une récolte de betteraves cherchent quelquefois à raffermir le terrain en y passant le rouleau Croskill après la semature. Quand la terre est sèche, cela réussit bien, mais le succès de cette opération serait sans doute encore plus assuré si on la faisait avant de semer.

En résumé : 1° dans les terres fortes la profondeur à laquelle il faut chercher, autant que possible, à placer les semences de blé peut varier de 2 à 8 centimètres, la meilleure est de 3 à 5 centimètres, et dans les terres légères un peu plus ; 2° pour les blés de printemps un peu plus de profondeur que pour ceux d'automne ; 3° dans le Midi et, en général, dans les pays secs, un peu plus que dans le Nord et dans les pays humides.

CHAPITRE X

Semailles à la volée ou en lignes.

Mathieu de Dombasle n'avait pas beaucoup de confiance dans les semis en lignes. « La semaille des céréales en lignes, dit-il dans son *Calendrier du bon cultivateur*, loin de s'être étendue dans l'empire Britannique, seul pays où elle ait pris quelque extension, semble au contraire avoir perdu des partisans, et le plus grand nombre des praticiens lui préfère la semaille à la volée. Il est certain, du moins, que la semaille des céréales en lignes à l'aide du semoir deviendra bien difficilement une pratique générale de l'agriculture, principalement parce qu'elle exige une préparation tellement parfaite du sol, qu'on ne peut espérer de l'obtenir que dans certains terrains d'une nature particulière et dans les circonstances atmosphériques les plus favorables. »

Le pessimisme de notre célèbre agronome au sujet des semoirs en lignes provient de ce qu'il écrivait à une époque où le drainage n'était pas inventé et où il fallait encore cultiver en billons plus ou moins bombés toutes les terres à sous-sol imperméable. Or, dans beaucoup de pays, et particulièrement en Lorraine, les terres fortes font les meilleures terres à blé, lorsqu'elles sont assainies. Aujourd'hui ces terres peuvent être labourées à plat, et, par suite, l'emploi des machines de toutes sortes, machines à semer, machines à moissonner, qui économisent la graine ou la main-d'œuvre, y devient possible. C'est même là une des principales raisons qui généralisent ou du moins qui devraient généraliser le drainage dans tous les sols humides. De plus, les procédés de préparation du sol par les charrues tourne-oreilles, comme le brabant-double, par les rouleaux Croskill, les scarificateurs et les herses articulées ont fait des progrès que Dombasle ne prévoyait pas. Les semoirs eux-mêmes valent mieux que ceux qui existaient de son temps. Mais ce qui reste vrai dans les objections qu'il a formulées contre eux, c'est que tout cet ensemble d'améliorations, qui se complètent les unes par les autres, n'est pas toujours assez bien compris, parce que les cultivateurs ne sont pas assez instruits, ni assez bien appliqués, parce qu'ils manquent du capital nécessaire pour les exécuter ou que les clauses de leur bail ne leur offrent pas assez de sécurité pour employer ce capital en drainages, achats de machines, etc.

On peut dire aussi que, par un temps bien calme, un semeur habile réussit à répandre le grain avec autant de régularité qu'une machine. Mais, aujourd'hui, les semeurs habiles deviennent de plus en plus rares, et en grande culture il est prudent de s'arranger de manière à pouvoir, lorsqu'ils font défaut, les remplacer par des ouvriers moins experts, mais suffisamment attentifs pour bien régler et bien conduire un semoir. C'est là le premier avantage des machines : elles donnent au fermier plus de sécurité et plus de certitude d'avoir, au moment voulu, sous la main, les moyens d'exécuter ses semailles convenablement.

Ce mérite, les machines qui sèment à la volée le partagent avec celles qui sèment en lignes. Elles permettent aussi de répandre le grain avec régularité, malgré le vent qui souffle et qui entraverait le travail d'un semeur. Mais à quoi bon répandre la semence avec régularité, si cette semence est irrégulièrement enterrée et si, par suite, elle lève irrégulièrement? Or, lorsqu'on couvre à la herse un semis fait à la volée sur labour cru, on peut être certain d'avance qu'un quart ou un tiers des graines se trouveront ou trop hautes ou trop basses pour pouvoir germer et se développer convenablement. Il en est de même lorsqu'on enterre au scarificateur les graines semées à la volée sur un labour suivi de hersage, et encore plus lorsqu'on couvre les graines à la charrue, comme c'est l'usage dans certains pays. Avec ces procédés imparfaits de couvraison, on est toujours obligé de passer par profits et pertes une partie du grain semé.

Le double mérite du semoir en lignes, c'est précisément de mettre à la fois de la régularité dans le sens vertical comme dans le sens horizontal, c'est-à-dire dans la profondeur à laquelle il enterre chaque graine, comme dans la surface qu'il donne à chaque plante pour se nourrir et s'épanouir au soleil.

Quant au premier de ces avantages du semoir en lignes, l'égalité dans la profondeur, nous avons suffisamment expliqué dans le chapitre précédent combien il est important, et nous pouvons en conclure qu'en évitant les graines perdues le semoir en lignes permet de faire une économie de semences dont la proportion varie avec le mode de construction des machines et l'état des terres dans lesquelles on les emploie, mais que l'on estime en moyenne à 30 pour 100 de ce qu'il faudrait employer à la volée, soit 50 à 100 litres qui valent de 10 à 20 francs, car on peut donner au blé de sement une valeur un peu plus grande qu'au blé de consommation. Mais, si les semailles sont plus faciles à la machine qu'à la volée quand il y a beaucoup de vent, elles sont moins, faciles quand la terre est encore humide; en général, elles sont moins expéditives et presque toujours plus chères. Un semeur à la volée couvre en moyenne 4 hectares par jour, et, par conséquent, si l'on compte sa journée à 6 francs, le semis de chaque hectare ne coûte que 1 fr. 50 de main-d'œuvre. Je laisse de côté les hersages qui sont nécessaires pour le couvrir, parce qu'ils compensent les hersages qui doivent précéder le passage de la machine et quelquefois même la suivre. Un semoir Smith à 16 tubes peut également faire environ 4 hectares par jour, mais il faut y employer, en deux relais, 4 chevaux à 5 francs la journée et 2 hommes à 4 francs, soit 28 francs par jour de travail, ou 7 francs par hectare. Le semis à la machine coûte donc 5 fr. 50 par hectare de plus qu'à la volée, et, si l'on décompte ces 5 francs de la valeur de la semence épargnée, on voit que l'économie réelle est de 5 à 15 francs, moins l'amortissement.

Quant à la régularité dans le sens horizontal, elle dépend de la distance des lignes. Nous allons la discuter avec soin :

S'il faut, comme nous l'avons dit, semer 400 grains
par mètre-carré, l'idéal de la régularité consisterait
à mettre un grain au centre de chacun des 400 petits
carrés de 5 centimètres de côté, soit 25 centimètres

Fig. 8. — Semoir en lignes système Smith.

carrés de surface, dans lesquels ce mètre carré peut
être divisé. Évidemment c'est ainsi que les grains se
gêneraient le moins les uns les autres; chacun d'eux
trouverait à sa disposition la même part de terrain et d'eau pour ses racines, comme d'air et de
soleil pour sa tige et ses feuilles; et, si les semences
pouvaient être aussi parfaitement égales entre elles
par leur aptitude à germer et à faire des plantes
vigoureuses, si aucun accident ne venait troubler
le développement des unes ou des autres, on pourrait avoir une régularité également remarquable

dans la formation des épis et la grenaison. On a cherché à réaliser cette régularité par les plantoirs mécaniques, comme celui de M. Le Docte, mais, avec ces plantoirs, deux hommes ne sèment que 35 à 45 ares par jour. C'est du jardinage, ce n'est pas de l'agriculture.

Pour faire du froment qui ne coûte pas trop cher, il faut employer des machines qui sèment en lignes. Plus les lignes seront rapprochées les unes des autres, plus le semis approchera de la perfection idéale que nous avons cherché à représenter en A (fig. 9). Supposons un écartement de 15 centimètres entre les pointes des rayonneurs de la machine; comme cette machine sème en *traces confuses* dont chacune a de 3 à 5 centimètres de largeur, il y aura 10 à 12 centimètres d'écartement réel entre les grains d'une ligne et ceux de la ligne suivante. Cet écartement est représenté avec les traces de 5 centimètres de largeur qu'occupent les grains sur le rectangle B, égal, comme A, à un dixième de mètre carré. Si la machine y sème 40 grains, il y en aura un peu plus de 6 sur chacune de ces traces, et l'on voit que ces grains s'y trouveront assez éloignés les uns des autres pour que chaque plante puisse étendre à son aise la moitié de ses racines dans l'intervalle qui les sépare. Elle trouve moins de nourriture et de soleil d'un côté, mais elle en a d'autant plus de l'autre. Par conséquent, on peut admettre que les plantes de blé pourront, en moyenne, s'alimenter aussi bien qu'avec le semis en poquets. L'air pourra même circuler entre les lignes mieux qu'au milieu de touffes irrégulièrement éparpillées à la surface du champ; il pourra donc dessécher la terre plus rapidement, ce qui est souvent utile dans les climats humides, comme ceux de l'Angleterre, mais ce qui peut, d'un autre côté, être nuisible dans les climats secs, comme ceux du Sud de la France. Avec cet espacement de 10 à 12 centimètres entre les lignes, l'emploi de la bineuse à cheval n'est pas encore possible. Il est vrai que la

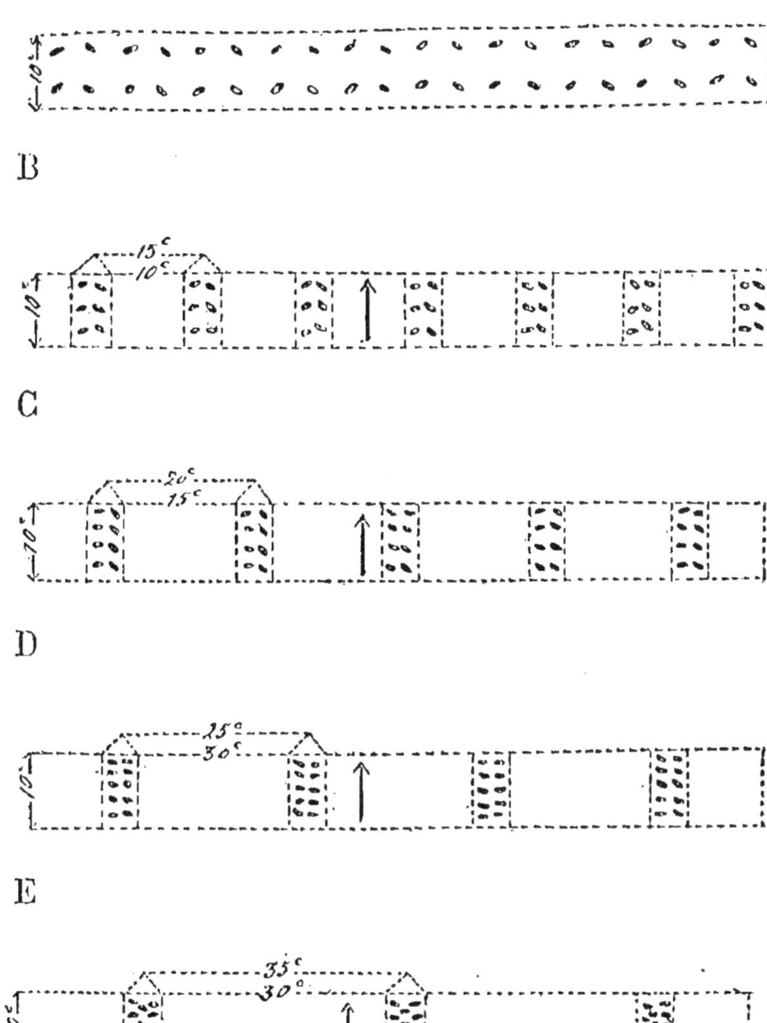

Fig. 9. — Semis de 400 grains par mètre carré ou 40 grains par dixième de mètre carré en poquets et en lignes à différentes distances.

disposition régulière des plantes facilitera le binage
à la main; mais, si la main-d'œuvre est trop chère
pour y avoir recours, il faudra se servir, comme
pour les blés semés à la volée, de la herse pour
ameublir la surface de la terre au printemps, et la
destruction des mauvaises herbes sera incomplète.
Cet inconvénient a peu d'importance avec un assolement où le froment est précédé par une plante sarclée et dans lequel toutes les mesures sont prises pour
avoir une terre bien propre.

Mais, dans les sols qui, grâce à leur richesse, peuvent aussi bien produire beaucoup de talles sur les
touffes de blé que de mauvaises herbes entre ces
touffes, avec des assolements où plusieurs céréales
se suivent et n'alternent pas avec des récoltes qui
facilitent la destruction des mauvaises herbes, il faut
donner aux lignes assez d'écartement pour qu'on
puisse y passer une bineuse mécanique, comme la
bineuse Garrett. Avec une distance de 20 centimètres
entre les pointes des rayonneurs et, par conséquent,
de 15 à 17 centimètres entre les traces de ces rayonneurs (voir le rectangle C), il y aura sur la largeur
de 1 mètre cinq de ces traces. La machine devra donc
semer huit grains dans chacune de ces traces sur
10 centimètres de parcours ou 80 sur 1 mètre de parcours, et le semis sera d'autant meilleur que la machine sera construite de manière à faire cette distri-
bution d'une façon plus régulière.

Quelquefois on donne encore plus d'écartement
aux lignes, ainsi 20 à 25 centimètres, comme le représente la figure D. Dans la vallée du Grésivaudan,
M. Michel Perret est allé jusqu'à 30 centimètres
(figure E). Mais ce sont des terres exceptionnelles,
exceptionnelles surtout par l'énorme quantité de
mauvaises herbes qui y poussent. M. Michel Perret
sème de bonne heure et fait trois binages, dont l'un
déjà avant l'hiver. Il est arrivé ainsi à récolter en
moyenne 30 hectolitres à l'hectare, tandis qu'avec les
semailles à la volée il n'en obtenait que 14 à 20. Dès

lors que la fertilité remarquable des terres du Grésivaudan est employée non plus à produire des mauvaises herbes, mais à faire du bon blé, le tallement de ce blé compense l'écartement des lignes. Mais ce procédé ne pourrait pas être imité dans un sol moins riche ; le tallage y serait insuffisant.

Il est facile de voir par la figure E que, si l'on semait à raison de 400 grains par mètre carré, on serait obligé d'en mettre tant sur chaque ligne, qu'une partie de ces grains n'auraient pas assez de place autour d'eux pour étendre à l'aise leurs racines. Il y a donc lieu, pour un tel écartement, de réduire la semature à 360 grains par mètre carré, ou encore moins. Il faudrait même la réduire un peu dès lors que l'écartement des lignes est de 20 à 25 centimètres, comme dans la figure C ; 320 grains par mètre carré suffiraient.

Mais il y a pour chaque terre et chaque variété de blé une limite qu'il ne faut pas dépasser dans l'écartement des lignes et dans l'économie de sement qui en est la conséquence. En général, un beau champ de blé doit avoir des épis égaux, rangés les uns à côté des autres à la même hauteur et formant ainsi une surface horizontale ; *like a table*, comme une table, disent les fermiers anglais. Cette régularité ne peut pas être obtenue si le semis a été fait trop clair, en lignes trop espacées ; chaque plante continue trop longtemps à émettre de nouvelles talles ; les dernières restent en retard sur la tige principale et ne produisent que de petits épis qui ont de la peine à mûrir et qui ne contiennent que des grains rabougris. Les touffes gazonnent au lieu de grener. Il vaut mieux que le tallage ne continue pas trop longtemps et qu'il soit arrêté à point par un semis en lignes plus serrées.

Obtenir 50, 60, 100 pour 1 en semant les grains en poquets peut être utile pour multiplier rapidement une variété très rare. Mais le coût de la semence n'est qu'un des éléments du prix de revient du blé ; les autres sont le loyer de la terre, les engrais, les travaux préparatoires, etc. ; ils coûtent beaucoup plus cher que les deux hectolitres de graine que l'on pourrait au maximum économiser par hectare, et, pour que le prix de revient soit le plus faible possible, il faut que ces frais puissent se répartir à la moisson sur le plus grand nombre d'hectolitres possible.

En résumé, un écartement de 18 à 20 centimètres entre les lignes du semoir suffit, dans la plupart des terrains, pour que le cultivateur obtienne tous les avantages qu'il en attend : économie de semence et facilité pour les sarclages mécaniques. Des distances plus considérables diminuent plus souvent les récoltes de blé qu'elles ne les augmentent. Mais, dans des terres exceptionnellement disposées à produire des mauvaises herbes, comme celles de M. Michel Perret, un écartement plus grand est nécessaire.

Certains semoirs sont disposés de manière à pouvoir semer un engrais pulvérulent quelconque en même temps que la graine de blé. Mais il vaut beaucoup mieux répandre l'engrais également sur toute la surface du champ et le recouvrir par le coup de herse qui précède le passage du semoir. Au lieu de compliquer et de charger les machines pour leur donner à faire une besogne qui peut être accomplie autrement, il faut chercher à les construire de manière qu'elles remplissent bien toutes les fonctions qui leur appartiennent en propre.

Ainsi toutes les machines devraient être disposées de manière à pouvoir, non seulement comprimer le fond de la trace ouverte par les rayonneurs, mais recouvrir le grain aussi également que possible. Quand ce travail n'est pas fait par les semoirs, il faut les faire suivre par une herse. Pour cela, les herses articulées à petites dents de fer conviennent le mieux, parce qu'elles ne risquent pas, comme des herses à longues dents, de déranger l'ordre des semences déposées au fond des raies.

Il est d'ailleurs inutile de chercher à réduire la

terre à un état de finesse extrême; il vaut même mieux y laisser, sinon des mottes, au moins des grumeaux, qui protègent les jeunes plantes pendant l'hiver et qui les rechaussent lorsqu'au printemps ils se désagrègent.

Enfin, pour clore la série des travaux qu'exigent les semailles, il y a lieu, dans toutes les terres qui ne sont pas très perméables, d'empêcher que les eaux de pluie restent stagnantes sur certains points, en traçant, à l'aide d'une charrue à double versoir, des rigoles d'égouttement dirigées suivant la pente de la surface.

CHAPITRE XI

Automne et hiver.

Dans son bel ouvrage sur les Plantes alimentaires, M. Heuzé appelle *racines automnales* celles qui sont sorties immédiatement de la semence, et *racines printanières* les racines nouvelles et définitives qui se forment plus tard aux premiers nœuds de la tige et près de la surface du sol. « Les racines printanières, dit-il, se développent vers la fin de février ou durant le mois de mars, suivant les régions, et remplacent les racines automnales qui se sont atrophiées à la fin de l'hiver. » M. Heuzé dit également que le *tallement* ou tallage a lieu en avril ou au plus tard avant la mi-mai. Mais je dois remarquer que, pour tous les blés semés d'assez bonne heure, le développement de ces nouvelles racines commence, aussi bien que le tallage, déjà en automne, quand la jeune plante a formé sa troisième feuille. Quand les graines ont été semées à une certaine profondeur, ces nouvelles racines sont faciles à distinguer des anciennes, parce qu'elles en sont séparées par le premier mérithalle. Ordinairement elles partent des deux ou trois premiers nœuds qui restent réunis à la surface de la terre, au lieu de former, avec leurs mérithalles, la partie inférieure de la tige. Quelquefois les deux premiers nœuds sont séparés par un certain intervalle, et il se forme deux étages de nouvelles racines, l'un près de la surface, l'autre à quelques centimètres plus bas (fig. 10.) Mais ce fait se voit moins souvent chez le blé que chez le seigle, l'avoine ou l'orge.

Sur les plantes qui proviennent de semences très faiblement enterrées, les racines nouvelles paraissent partir à peu près du même point que les anciennes, mais on peut les distinguer à la différence de leur vitalité. Les anciennes se détachent facilement de la terre qui les entoure, tandis que cette terre reste adhérente aux nouvelles. Les anciennes ont peu ou point de poils, tandis que les nouvelles en sont garnies. Comme le dit M. Heuzé, ces racines nouvelles remplacent complètement les anciennes, mais elles peuvent les remplacer déjà en automne, et, grâce à elles, les déchaussements qu'amènent souvent les gelées de l'hiver sont beaucoup moins dangereux pour les blés semés de bonne heure que pour ceux qui n'en ont pas encore, parce qu'ils ont été semés trop tard. En effet, le froid ne pénètre que peu à peu dans le sol humide et le congèle par couches successives qu'il est facile de constater. La glace, ou plutôt la terre gelée, se dilatant dans tous les sens autour des jeunes tiges de blé, agit sur elles exactement comme une tenaille au moyen de laquelle on arrache un clou : d'un côté, elle la pince, de l'autre, elle cherche à la séparer de la terre sous-jacente qui n'est pas encore gelée et des racines inférieures qui s'y trouvent. Si cette tenaille de glace réussit à couper la tige, ce qui malheureusement arrive souvent, et si les racines supérieures ne sont pas encore formées, la plante est perdue, tandis que, si ces racines supérieures existent déjà, quelques-unes d'entre elles peu-

vent être blessées ou avoir le bout coupé, mais la
partie soulevée est une plante complète; elle n'a

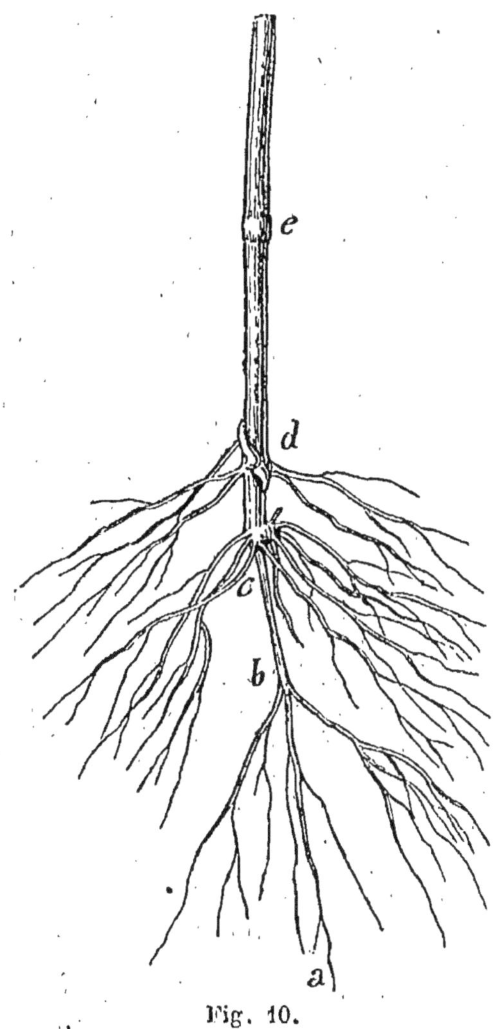

Fig. 10.

perdu que ses vieilles racines, déjà devenues inutiles, et, au printemps, pourvue de tous ses organes,
elle peut reprendre sa croissance, surtout si un rou-

lage fait à propos vient raffermir autour d'elle la terre ameublie par le dégel.

Les racines de blé peuvent aussi être déchaussées d'une autre manière. J'ai eu plusieurs fois l'occasion de le constater ; et voici dans quelles circonstances :

Mes terres avaient été couvertes de neige, puis un vent très violent du nord-est, comme il y en a parfois dans la vallée du Rhône, avait enlevé ces neiges de tous les plateaux élevés pour les accumuler dans les vallons abrités et y former des couches très épaisses, que l'on appelle dans le pays des *gonfles*. Ces gonfles ne se composaient d'abord que de neige très pure et très blanche ; mais, après quelques jours pendant lesquels la bise avait continué à souffler avec persistance, je trouvai à leur surface une couche de terre de 5 ou 6 centimètres de hauteur. J'allai voir mon champ de blé situé sur le plateau au nord du vallon : non seulement la neige y avait complètement disparu, mais le vent avait enlevé une partie de la terre fine qui se trouvait à la surface ; les collets des plantes étaient dégarnis, et la partie supérieure des racines à nu. J'ai cherché à réparer le mal par un vigoureux hersage suivi de roulage, mais je n'ai réussi qu'incomplètement. Ce qu'il y a de mieux à faire pour des champs si mal exposés, c'est de renoncer à y fixer du blé et de les *fermer*, c'est-à-dire de les engazonner. On cherche en vain à y faire de la terre fertile : le vent l'emporte à mesure qu'elle se forme.

Au mois de novembre, tandis que la température moyenne de l'air descend au-dessous de + 6 degrés et ne peut que rarement tenir en éveil la croissance des parties extérieures des jeunes plantes de blé, la température du sol se maintient plus chaude, à près de 7 degrés de moyenne dans une profondeur de 25 centimètres, et 8 degrés 1/2 dans une profondeur de 1 mètre. Les racines sont encore loin de cette profondeur de 1 mètre ; mais, si le blé a été semé assez tôt, elles sont à 25 ou 30 centimètres. Elles peuvent donc continuer à se développer, en moyenne, pendant un mois entier, quand déjà toute végétation est arrêtée à l'air libre. Il est évident que ce développement hivernal des racines, d'autant plus assuré que les semailles ont été plus hâtives, fortifie les plantes et favorise le tallement, qui, souvent déjà commencé avant les grands froids, quelquefois renouvelé quand ces froids sont momentanément interrompus, se continue, aux premiers beaux jours du printemps, avec d'autant plus d'activité que les racines sont plus longues et plus nombreuses et que, par suite, elles peuvent amener plus d'aliments.

M. Schubart, dans sa ferme de Mecklembourg, a observé les racines d'un blé qui avait été semé pendant les derniers jours d'octobre 1854 et qui n'avait levé qu'en décembre, parce qu'il avait gelé pendant la plus grande partie de novembre; le 26 avril, ces racines avaient pénétré dans la terre à une profondeur de 86 centimètres. Dans la même terre, loam argileux, les racines d'un blé semé le 26 septembre 1854 avaient, le 26 avril, déjà atteint une profondeur de 97 centimètres et, six semaines plus tard, le 14 juin, elles étaient à $1^m,17$.

Dans les pays du Nord, un épais manteau de neige couvre les champs, et, quand cette neige vient à disparaître, le cultivateur retrouve ses jeunes blés grandis et prêts à profiter du printemps ou plutôt de l'été (car dans ces pays le printemps n'existe pour ainsi dire pas) pour monter et former des épis. Mais, dans nos contrées du Centre et de l'Ouest de l'Europe, les neiges ne durent pas longtemps, et il ne faut pas trop compter sur leur abri pour protéger nos futures moissons. Si le blé dort, comme on aime à le dire, c'est d'un sommeil souvent interrompu. Pour le prouver, voici quelques notes extraites de mon journal d'observations pendant les années 1868 et 1869 :

Au commencement de janvier 1868, le blé de Noé, qui avait été semé le 12 octobre, a trois feuilles, mais la plupart de ces feuilles ont été coupées par les minces couches de glace qui se sont formées à plusieurs reprises à la surface du sol. A toutes les plantes, la tige est intacte, et je puis y constater un faible accroissement (de 2 à 4 centimètres) à partir du 25; il n'avait pas gelé du 19 au 23; la température moyenne avait été de + 4 à + 5 degrés et les maxima de 5 à 11 degrés. Le 24, je trouve une nouvelle talle, et, le 28, une nouvelle feuille aux plantes qui ont eu du fumier de ferme comme engrais, mais non à celles qui n'ont pas eu d'engrais du tout. Du 1er février au 26 il gèle pendant la nuit, mais, pendant le jour, le thermomètre monte à des hauteurs qui varient de + 6 à + 12°,7; les moyennes oscillent entre 0 et + 6 degrés. Il y a un faible allongement chez le blé bleu non fumé, et une nouvelle feuille s'y montre; c'est une sorte de demi-réveil de la végétation. Le réveil est plus complet chez le blé bleu fumé; un nouveau tallage y paraît. Mais le blé Galland, qui se trouve à côté, ne bouge pas; il dort encore!

Au mois de mars il continue à geler presque toutes les nuits. Pendant le jour, le thermomètre monte souvent jusqu'à 10, 11 et 13 degrés, mais la moyenne n'est supérieure à + 6 degrés que du 3 au 8 et du 16 au 19 mars. Le blé bleu ne fait aucun progrès sensible; cependant la végétation de celui qui a été fumé est moins complètement arrêtée que celle du blé sans engrais; l'une des plantes montre une nouvelle feuille et l'autre une nouvelle talle. Quant au blé Galland, il dort toujours.

Au mois d'avril, le thermomètre descend encore au-dessous de 0 les 1er, 2, 11, 12 et 13, mais tous les autres jours il reste au-dessus; les maxima de température varient de 7 à 21 degrés; les moyennes ne sont inférieures à 6 degrés que du 9 au 13, et, les autres jours, elles s'élèvent souvent à 9 degrés et quelquefois à plus de 10 degrés. Le réveil est complet chez tous les blés, même chez le blé Galland. La plupart des plantes font trois nouvelles feuilles pendant le mois d'avril. Mais il ne se montre plus de nouvelles talles. A la fin du mois, le blé commence à *monter* avec des moyennes de plus de 10 degrés et des maxima de plus de 15 degrés. Le blé bleu commence à fleurir à la fin de mai, du 27 au 29; mais le blé Galland n'a pas même encore épié.

Pendant l'automne de l'année 1868, automne assez humide pour que les drains aient coulé presque constamment, du blé du pays semé le 15 octobre a levé le 26, la température de la terre étant à + 12 degrés en moyenne. Dans un autre champ, du blé du pays et du blé bleu semés le 23 octobre n'ont levé que le 26 novembre; la température du sol avait été à environ 8 degrés jusqu'au 7 novembre; puis du 8 au 24 elle n'a été que de 2 à 4 degrés et elle n'est remontée à + 5 degrés que le 25.

Les deux blés ont pu faire quelques progrès et former chacune deux nouvelles feuilles dans le cours du mois de décembre, grâce à une température moyenne souvent supérieure à 6 degrés. Pendant quelques jours, cette moyenne a atteint de 8 à 9 degrés, avec des maxima de 14 à 15 degrés.

Du 1er au 17 janvier 1869, les moyennes de température ont varié de + 1 à + 6 degrés; les feuilles ont pu s'allonger encore un peu, de 2 à 3 centimètres environ. Mais, à partir du 18, le froid est revenu très vif; le 25, le thermomètre est descendu jusqu'à — 13 degrés; le sol était gelé jusqu'à 15 centimètres de profondeur. En mesurant la largeur et la longueur des feuilles de mon blé, j'y ai constaté un rétrécissement. Cependant le froid s'est calmé à partir du 29 janvier. Pendant le mois de février il n'a gelé que rarement, et la température moyenne de l'air n'a jamais été au-dessous de + 1 degré; elle est montée à + 9 degrés le 11 et le 12, et à + 5 degrés du 20 au 28. Les blés ont beaucoup tallé. Toutes les plantes ont au moins deux talles, quelques-unes quatre.

En mars, les blés ont fait peu de progrès. Au commencement du mois, la terre était couverte de neiges, qui, en fondant, l'ont laissée remplie d'eau. Dans les endroits mal drainés, les plantes étaient jaunes et souffrantes. Il a, de plus, gelé assez souvent, et la température moyenne de l'air a oscillé entre — 3 et + 4 degrés du 1er au 16 et entre + 2 à + 5 degrés du 17 au 31; elle ne s'est élevée à + 6 degrés que le 19. La situation est restée la même jusqu'au 5 avril. Mais, à partir du 6, la température moyenne de l'air a monté peu à peu jusqu'à 15 degrés et souvent les maxima ont atteint 20 degrés. Il y a un magnifique réveil dans la végétation du blé, et il a commencé à s'allonger, à *monter*, à partir du 20.

CHAPITRE XII

Soins à donner au blé au printemps.

Au printemps, les blés qui ont été semés dans de bonnes conditions et qui n'ont pas souffert des rigueurs de l'hiver peuvent au besoin être abandonnés à eux-mêmes; « ils vont bien », se dit leur heureux propriétaire, et il se contente de les laisser pousser, se réjouissant d'avance de la belle moisson qu'il en fera. Et cependant les blés qui ont la plus belle apparence peuvent encore être améliorés, tantôt par un roulage, tantôt par un coup de herse donné à propos; et les semis en lignes ne montrent toute leur supériorité que s'ils sont suivis d'un binage au printemps.

Quant à ceux qui ont l'air malade, il est urgent d'y porter remède dès que la terre est ressuyée et avant que la saison soit trop avancée. Les uns sont jaunâtres, leurs feuilles sont minces et étroites; ils ne tallent pas. Il faut leur donner un *coup de fouet*, en y répandant un engrais azoté rapidement assimilable, du nitrate de soude, du sulfate d'ammoniaque ou du guano du Pérou. Les autres sont, au contraire, exubérants de vigueur, et il y a lieu de craindre pour eux la verse. Il faut les rouler ou mieux encore les *effaner*, en coupant à la faucille ou à la faux les extrémités des tiges les plus élevées. On arrête ainsi leur pousse et l'on permet aux talles qui les entourent de les rattraper, en fortifiant leur paille et formant leurs épis tous à la même hauteur. Autrefois on envoyait un troupeau de moutons et, en Alsace, des chevaux, dans les champs de blé trop vigoureux; mais ce remède était souvent pire que le mal.

Si la terre est compacte, entrecoupée de fissures produites par sa dessiccation ou couverte d'une croûte dure dans laquelle les racines nouvelles, formées au collet des plantes, auraient de la peine à pénétrer, il y a lieu d'employer une herse à dents de fer et de la passer à plusieurs reprises et en différents sens sur le jeune froment. Qu'on ne craigne pas de lui faire du mal! Les feuilles ne tarderont pas à reparaître plus belles et plus nombreuses qu'auparavant, surtout si une température douce et humide vient favoriser l'opération. Un roulage pourra compléter le succès; le tallement sera d'autant plus abondant. En même temps le hersage aura détruit les mauvaises herbes qui ont levé avec le blé.

Si, au contraire, les blés ont été déchaussés par des alternatives de gel et de dégel qui laissent la surface de la terre très meuble, on évitera de herser, mais on procédera immédiatement au roulage, soit avec un rouleau Croskill, soit avec un rouleau quelconque en pierre ou en fonte.

Dans les contrées où la main-d'œuvre n'est pas trop rare, on sarcle ou bine les blés à la main au moyen d'une *rasette*. Ce travail se fait quand les plantes ont de 20 à 25 centimètres de hauteur et, bien entendu, quand le temps est sec. Il coûte 12 à 18 francs par hectare suivant les localités. En Normandie on arrache les chardons au moyen d'une tenaille en bois, appelée *moette*.

Lorsque les blés ont été semés en lignes assez espacées, l'ameublissement du sol, la destruction des mauvaises herbes et le *rechaussement* ou *buttage* des touffes peut se faire d'une manière à la fois plus économique qu'à la main et plus complète qu'à la herse au moyen de la *houe à cheval* ou *bineuse mécanique*. La plus simple est celle de Garrett ou de Smith; on peut donner à ses lames plus ou moins d'écartement, mais elles ne sont pas indépendantes les unes des autres, de manière à pouvoir suivre toutes les inégalités du terrain; de plus, elles sont en forme de fers de lance, et leurs bords tranchants peuvent quelquefois blesser les touffes trop rapprochées.

Tous ces inconvénients sont évités avec la bineuse de Garrett (fig. 11). Son ingénieux mécanisme a une souplesse qui permet de suivre toutes les ondulations des lignes et toutes les inégalités du sol, sans entamer une seule plante. Pour chaque intervalle il y a deux lames en acier coudées à angle de 90 degrés ou un peu plus sur la tige qui les porte et placées de manière que les tranchants se regardent et travaillent ensemble au milieu de cet intervalle, tandis que les dos sont tournés vers les touffes de blé et ne peuvent leur faire aucun mal. Les bineuses Garrett coûtent de 400 à 600 francs suivant leur largeur et peuvent faire, avec un cheval, un enfant pour le conduire et un homme pour diriger la machine, de 4 à 5 hectares par jour. Leur travail coûte donc à peu près le double d'un hersage, 10 francs par hectare au lieu de 5 francs. Mais, dans certaines terres, ce sarclage est le complément nécessaire du semis en lignes, et il peut y augmenter le rendement moyen de 5 à 6 hectolitres comparativement à celui du semis à la volée.

Pour que l'ameublissement du sol soit plus complet encore, certains agriculteurs font précéder ou suivre la bineuse de Garrett par une herse qui prend les lignes en travers, et quelquefois il est utile d'y ajouter le passage du rouleau pour garnir de terre les nœuds réunis au collet des plantes et favoriser l'émission de racines nouvelles.

Fig. 11. — Bineuse Garrett.

M. Fl. Desprez, à Cappelle, dans le département du Nord, a inventé un instrument spécial pour faire ce buttage du blé, buttage qui évidemment doit avoir des résultats très avantageux.

Si les lignes sont très écartées, on peut employer pour les blés la houe à cheval ordinaire pour plantes sarclées, comme le fait M. Michel Perret.

Quand l'intensité de la chaleur et de la lumière augmente et que l'accroissement des jours fait durer leur action plus longtemps, la transpiration du blé devient plus active; sa tige s'allonge; les nœuds,

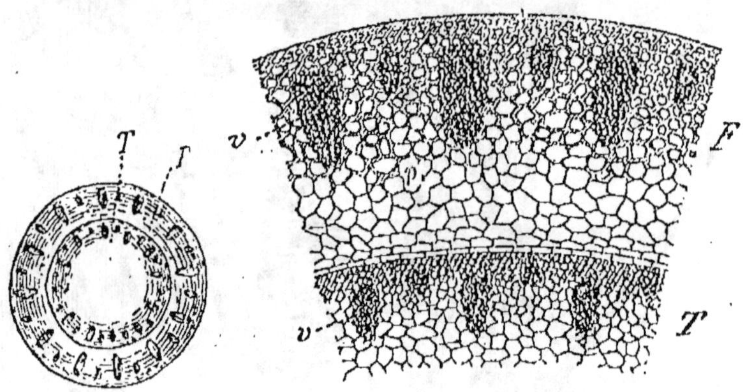

Fig. 12.

Fig. 13. — *T*, tige; *F*, feuille engainante; *v*, faisceaux fibro-vasculaires; *p*, parenchyme.

qui n'ont pas encore pu émettre de racines et les fixer dans la terre, montent avec les feuilles qui en dépendent et, au lieu de continuer à alimenter de nouvelles talles, les matières nutritives qu'amènent les racines servent à former les mérithalles qui séparent ces nœuds. Les faisceaux fibro-vasculaires qui viennent de ces racines montent en ligne droite dans la tige, entourés de parenchyme et disposés sur deux rangs, les plus petits étant les plus rapprochés de la circonférence (fig. 11 et 12). Puis il se forme par division de nouveaux faisceaux vasculaires autour et en dehors des anciens; ils passent dans le nœud pour aller se prolonger dans la tige, tandis que les anciens passent dans les feuilles.

Les faisceaux sont plus nombreux et plus gros dans les mérithalles supérieurs que dans le bas de la tige, en sorte que cette tige devient plus grosse à mesure qu'elle s'élève. Les faisceaux sont entourés de parenchyme qui remplit également l'intérieur de la tige, mais, à mesure que celle-ci jaunit, le tissu central se déchire et se rompt, laissant, principalement dans le haut de chaque mérithalle ou entre-nœud, une cavité tubuleuse, caractère spécial de la paille ou *chaume* du froment ordinaire.

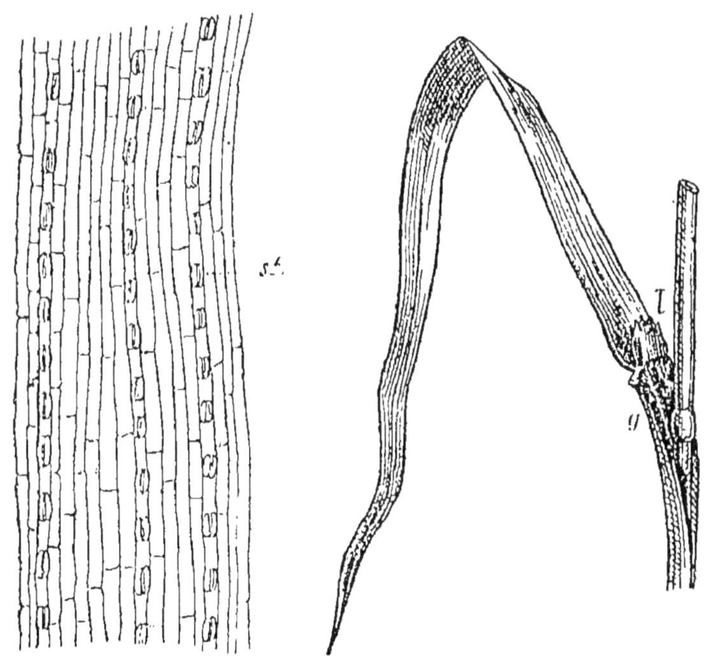

Fig. 14. — Épiderme de la feuille de blé. *st.* stomates.

Fig. 15. — Feuille de blé. *g*, gaine; *l*, ligule.

Chaque feuille se compose d'une *gaine* qui entoure l'entre-nœud et d'un *limbe* plus ou moins long et plus ou moins large suivant la vigueur de la végétation et surtout suivant l'intensité de la lumière. A la limite de la gaine et du limbe on trouve la *ligule*, membrane très mince, ordinairement dentelée (fig. 14). Les faisceaux fibro-vasculaires restent parallèles entre eux dans la feuille comme dans la tige et sont séparés par un tissu de cellules remplies de chlorophylle. Au milieu de ces cellules se trouvent les stomates, placés en lignes régulières parallèlement à la direction générale de la tige. Il y a deux fois plus de lignes de stomates au-dessous du limbe qu'au-dessus et en dehors de la gaine qu'en dedans, et peut-être est-ce pour cela que ce limbe a la tendance à se retourner pour présenter à la lumière la face où les stomates sont les plus abondants (fig. 15).

Tant que la plante est encore verte, on a de la peine à détacher la gaine de la tige; elle y est réunie par un léger parenchyme, et, si l'on déchire ce parenchyme pour séparer la gaine de la tige, on trouve cette dernière encore toute blanche, molle et incapable de se tenir droite. Plus les plantes reçoivent de lumière, plus la tige est épaisse, plus les entre-nœuds sont courts, et plus ils sont colorés d'un bout à l'autre par la chlorophylle. Par contre, si le soleil lui est caché par les plantes qui l'entourent et se pressent autour d'elles, la tige s'élance pour atteindre la lumière, comme celle du sapin dans les forêts très épaisses; elle reste grêle et délicate; la transpiration de l'eau et la décomposition de l'acide carbonique par les feuilles se ralentissent; les faisceaux fibro-vasculaires de la circonférence ne peuvent pas se lignifier parce que le carbone leur manque; sur chacun de ces longs entre-nœuds et surtout au pied de la tige, la moitié inférieure reste blanche et molle; et dans ces conditions il suffit d'un coup de vent ou d'une pluie abondante pour coucher cette tige maladive et amener la *verse*.

Certaines variétés de blé sont plus sujettes à la verse que d'autres, parce qu'elles ont naturellement une paille plus longue et plus délicate. Toutes y résistent d'autant moins qu'elles ont été semées plus dru et dans un sol plus riche. L'abondance des aliments absorbés par les racines favorise à la fois le développement de toutes les plantes et, par conséquent, les amène à se priver de lumière les unes les autres, tout en leur permettant de grandir plus vite pour chercher cette lumière. Un excès d'azote assimilable est surtout nuisible; la formation des cellules étant proportionnelle à l'azote absorbé dans un temps donné, les plantes se développent trop rapidement, et la faible quantité de carbone fixée par les feuilles ne peut pas suffire à l'épaississement des parois. Peut-on contre-balancer l'influence de cet excès d'azote par un apport d'acide phosphorique et de potasse? — M. Joulie l'affirme, mais je crois que l'azote n'en restera pas moins en excès relativement à la lumière et à l'assimilation du carbone par les feuilles.

Autrefois on croyait que c'était le défaut de silice qui amenait la verse des blés, et M. Thomas Way, chimiste de la Société royale d'agriculture d'Angleterre, avait même proposé, pour la combattre, de mêler du silicate de chaux aux engrais qu'on donnait au blé. Mais il a été prouvé que les blés versés contiennent autant de silice dans leur paille que les blés non versés, et quelquefois même plus.

A mesure que le froment parcourt les diverses phases de sa végétation, il demande à avoir de plus en plus de chaleur. Pour que la transpiration puisse se faire d'une manière régulière, il faut aussi que la chaleur de l'air soit plus grande que la chaleur du sol; il faut que le blé ait, comme toutes les plantes et contrairement à l'homme, plus chaud à la tête qu'aux pieds, et mes observations météorologiques m'ont fait voir que, chaque fois que cet ordre est renversé par un brusque abaissement dans la température de l'air extérieur, les plantes se montrent souffrantes; elles perdent leur belle couleur verte et prennent des teintes jaunâtres.

Des alternatives subites de pluies ou de rosées

abondantes et de coups de soleil évaporent rapidement l'eau qui couvre les feuilles et aggravent cet état languissant; tandis que le développement normal du blé est entravé, celui des spores des cryptogames est favorisé, et les maladies dont ils sont les germes se propagent rapidement.

« La plus fréquente, dit M. Vilmorin, et la plus connue est la *rouille*, champignon microscopique qui se développe et se nourrit dans les tissus de la plante et qui fait son apparition à l'extérieur sous forme de petits amas de poussière rougeâtre, tout à fait semblable à la rouille du fer, dont sont couverts les feuilles, les chaumes et même l'épi du blé malade. Or nous avons remarqué un très grand nombre de fois qu'aux environs de Paris la rouille exerce principalement ses ravages sur les variétés de blé originaires des pays dont le climat est plus sec que le nôtre. C'est ainsi qu'il n'est presque pas possible de cultiver ici les magnifiques blés blancs de l'Australie, non plus que beaucoup de ceux de l'Amérique du Nord. Il y a quelques années, à la suite de la conquête de Khiva par les Russes, nous avons reçu une collection intéressante des blés cultivés aux environs de Tashkend, en Turkestan. A notre grand regret, elle a été perdue à peu près complètement, parce que la rouille a attaqué toutes les variétés avec une telle violence, qu'en deux ou trois ans elles ont cessé de produire du grain capable de germer. Plusieurs races de blé de la Russie méridionale sont dans le même cas, et la propension qu'a le blé de l'île de Noé à prendre la rouille nous paraît confirmer la croyance, généralement reçue, à son origine orientale.

« La contre-partie de ces observations nous est fournie par les races qui nous viennent de l'Angleterre, des Pays-Bas, et par un blé provenant du Lazistan, sur la côte orientale de la mer Noire. Jamais nous n'avons vu ce blé rouillé : or le Lazistan est une province où il pleut aussi souvent et plus abondamment que dans notre Bretagne. Nous croyons pouvoir conclure de là qu'une variété de froment se défend d'autant moins bien contre la rouille qu'elle est originaire d'un climat plus sec en été.

« Ce qui n'est point une hypothèse, mais un fait d'observation, c'est que certains blés sont moins que d'autres exposés à la rouille; que leur origine ou leur constitution en soit cause, certaines variétés jouissent, sous ce rapport, d'une immunité plus ou moins complète, et cette considération doit influer sur le choix que fait le cultivateur d'une race à adopter. »

Non seulement la rouille empêche le développement du grain, mais elle altère la qualité de la paille au point d'en faire, d'après M. Fischer, un véritable poison pour les chevaux.

On dit qu'il est prudent de ne pas laisser d'épine-vinette dans le voisinage des champs de blé, car ces arbustes sont souvent couverts d'une rouille qui a, suivant M. de Bary, des caractères spéciaux, mais qui peut être transportée sur le blé et y achever son évolution, en produisant les mêmes ravages que la rouille commune.

« Les bruines ou fortes rozées du printemps, dit Olivier de Serres, endommagent estrangement les blés, quand sur la fin du mois de mai et commencement de celui de juin, dès une heure devant le jour, elles tombent sur les blés jà avancés approchant leur maturité; où l'eau d'icelles arrestée s'eschauffe de telle sorte, que le soleil frappant dessus, que l'espi du blé s'en noircit de pourriture, dont peu de grain sort par après, et encore mal qualifié, si que presques n'en faut espérer que de la paille. A ce mal le seul remède est d'en abattre la rozée, avant que le soleil ait loisir de l'eschauffer; à l'exemple des fruictiers, desquels les fruicts par secouer et esbrancher les arbres, sont garantis de telle tempeste. Mais en ceci gît la difficulté, quil semble ce moyen ne pouvait estre employé en cest endroit, pour la diversité du sujet : laquelle difficulté par artifice est surpassée, rendant la chose aisée. Deux hommes esbranlent les cimes des blés avec un cordeau que chacun tient d'un bout, roidement tendu au-dessus des espis, marchant à pas mesurés l'un de çà et l'autre de là le champ, en y passant tant de fois qu'il suffise. En champ de grande estendue les hommes seront montés à cheval, au col des chevaux l'on accommodera le cordeau à la hauteur du blé. Et ainsi à moindre peine, satisferont à cette entreprise. Pourvu aussi que ce soit en raze campagne, ou n'y ait aucuns arbres; car où la terre en est occupée, cela ne se peut faire qu'en portions, esquelles le champ sera desparti, en tant et telles, que les arbres le permettront, à ce que librement le cordeau puisse jouer partout le contenu d'icelle. »

Quant au charbon et à la carie, nous avons indiqué comment il faut chercher à prévenir leur développement par le chaulage ou le vitriolage des semences.

CHAPITRE XIII

Floraison du blé.

Dès le printemps, l'épi est déjà formé dans la tige, les feuilles le sont aussi, mais elles n'apparaissent que successivement pour commencer leurs fonctions aériennes. C'est un bouquet à étages qui s'allonge et se déploie peu à peu au soleil, portant au centre l'épi qui en sera le couronnement. « Il y a dans le blé, dit le comte de Gasparin, une *décurtation* naturelle, comme dans certains arbres, le mûrier, etc. L'épi qui est le bourgeon terminal s'arrête, quand il est parvenu à un certain terme. Alors sa partie supérieure se dessèche; il s'y forme une cicatrice, et sa longueur est définitivement fixée, ainsi que le nombre des épillets, sans qu'il soit possible à toute l'industrie humaine de les augmenter. La longueur de la partie qui subsiste semble déterminée par la richesse du terrain en rapport avec ses facultés hygroscopiques et probablement aussi par les circonstances météorologiques. Le nombre des épillets nous a semblé généralement relatif au nombre des feuilles. Mais chacun des épillets peut porter un plus ou moins grand nombre de grains, et c'est la richesse du terrain, la bonne répartition de l'humidité au printemps et le succès de la floraison qui décident cela. »

Au blé du pays récolté en 1867, j'ai trouvé, en moyenne, deux fois et demie autant d'épillets qu'il y avait de feuilles ou de nœuds à la tige ; mais ce rapport est difficile à déterminer exactement, car un certain nombre de nœuds se confondent, en servant à former les talles ; ils sont surtout difficiles à compter au moment où l'épi est devenu visible, car souvent les feuilles qui y correspondaient ont déjà disparu. Le nombre de ces nœuds est plus ou moins grand suivant les variétés de blé et toutes les conditions de sol, de température, d'humidité et de culture, qui influent sur le tallage.

De plus, au bas de chaque épi il y a quelques épillets rudimentaires, deux, trois, quelquefois plus, qui ne contiennent pas de fleurs complètes et qui ne forment pas de grains, ou qui n'en forment qu'un très petit. Il y a également des épillets incomplets à la partie supérieure de l'épi.

Tout cela empêche de trouver un rapport régulier entre le nombre des épillets et celui des nœuds ou feuilles.

Chaque épillet se compose de deux glumes, qui enveloppent en général cinq fleurs disposées sur une petite tige centrale d'une manière alterne, comme les épillets eux-mêmes sont disposés sur la tige principale. Dans l'épillet que représentent les figures 16 et 17 il y avait quatre fleurs complètes ; la cinquième n'avait qu'un rudiment d'ovaire sans étamines, et au-dessus se trouvait encore une simple glumelle, marquant la place d'une sixième fleur.

Chacune de ces fleurs complètes est enfermée dans deux *glumelles*. La plus grande (*a*), celle qui se trouve du côté extérieur, a la forme d'une carène de navire dont la quille est représentée par une crête aiguë qui

Fig. 16. — Épillet.
g, glumes.

Fig. 17. — Les cinq fleurs avec
écartement exagéré.

se termine, dans certaines variétés, par une barbe. Quant à la glumelle interne (*b*), elle recouvre la première comme un couvercle; elle a une structure beaucoup plus délicate, et ses bords, repliés comme des sortes de rideaux, abritent les organes de la fécondation (fig. 18).

Fig. 18. — Fleur ouverte; *a*, glumelle inférieure; *b*, glumelle supérieure; *g*, glume de l'épillet.

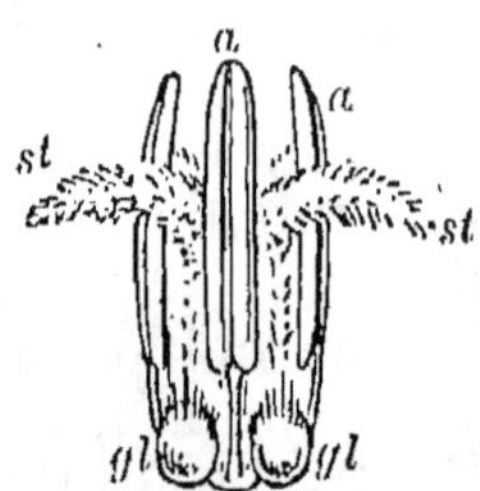

Fig. 19. — *st*. style; *a*, anthères; *gl*, glumellules.

L'ovaire, qui deviendra le grain de blé lorsqu'il aura été fécondé, a un petit sillon tourné vers l'intérieur de l'épillet; son côté extérieur est convexe et porte deux petites écailles dont les bords sont garnis de poils et qui sont placées symétriquement près de sa base : ce sont les *glumellules* ou *lodicules*.

La partie supérieure de l'ovaire, aplatie et velue, porte un stigmate à deux branches ou *styles*, ramifiés comme des plumets de soie blanche (fig. 19).

Quant aux étamines, il y en a trois : une de chaque côté du sillon interne et une troisième entre les glumellules. Chacune d'elles est constituée par une anthère fendue en deux lobes ou poches étroites et allongées de couleur verte, et par un filet, grêle comme un fil de soie blanche, qui a quelques millimètres de longueur (fig. 19).

Quand la fleur s'apprête pour la fécondation, les anthères deviennent jaunes, et, dès que l'air est à la fois assez chaud et assez sec pour que cette fécondation puisse avoir lieu, les lobes s'ouvrent aux deux extrémités (fig. 20) et les grains de pollen (fig. 21)

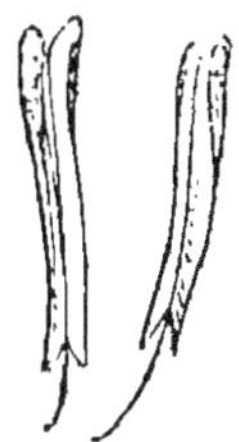

Fig. 20. — Anthères ouvertes.   Fig. 21. — Grains de pollen du blé.

qu'elles contiennent se répandent sur les plumets ou pinceaux de l'ovaire. En même temps le filet s'allonge avec une rapidité extraordinaire ; et, si les glumelles sont assez entr'ouvertes pour que les anthères puissent y passer, celles-ci apparaissent en dehors de l'épi.

« Si les anthères, dit M. Nowacki dans son Etude sur la maturation des céréales, se trouvent, comme cela a lieu souvent, immédiatement au-dessus ou près de la plumule du stigmate, au moment où elles s'ouvrent, alors le pollen féconde l'ovaire de la même fleur à laquelle ils appartiennent tous deux. Si, au contraire, et cela arrive également souvent, les trois anthères pendent déjà au dehors de l'épillet et au-dessous de l'ovaire, au moment où elles s'ouvrent pour laisser échapper leur pollen, ce pollen ne pourra pas facilement féconder l'ovaire de la même fleur, mais il est probable qu'il tombera plutôt sur les ovaires d'autres fleurs qui se trouvent ouvertes en même temps, soit dans le voisinage, soit au loin, ou qu'il sera dispersé par le vent et perdu. Sans doute beaucoup de grains de pollen manquent ainsi leur destination, mais la fécondation n'en a pas moins lieu : d'un côté, parce que la quantité de grains de pollen est très grande relativement aux ovaires qu'ils ont à féconder ; de l'autre, parce que les stigmates de ces ovaires sont merveilleusement bien organisés pour attraper et retenir le pollen avec leurs plumules. »

Si ce que dit M. Nowacki était exact, les épis pourraient se féconder entre eux, et les différentes variétés de blé pourraient se croiser, lorsqu'elles sont cultivées les unes près des autres et même lorsqu'elles sont à des distances assez considérables. Elles se croiseraient même si facilement qu'il n'y aurait plus guère de constance dans les variétés.

La question est très importante et il me semble que sa solution dépend surtout de ce fait : Les glumelles des fleurs du blé se séparent-elles pour donner passage aux étamines, et les filets de ces étamines s'allongent-ils avant que les anthères s'ouvrent pour répandre leur pollen ? ou ces anthères s'ouvrent-elles, au contraire, avant que les filets s'allongent et que les glumelles se séparent pour les laisser sortir ?

Voici ce qu'en dit Loiseleur-Delongchamps : « Ayant cherché, pendant différentes heures du jour, à voir quel était l'état de la fleur au moment où s'opérait la fécondation et dans quel instant de la journée elle avait lieu, je n'ai jamais pu voir qu'une seule fois et sur quatre heures de l'après-midi, quelques balles des fleurs de froment assez ouvertes sur un petit nombre d'épis pour y distinguer à la fois toutes les parties des deux sexes. Cette observation m'a fait soupçonner que, dans ce genre, les noces devaient le plus souvent se célébrer à huis clos. » Et il ajoute : « Ce n'est que lorsque la fécondation est déjà accomplie, que les balles s'écartent tant soit peu par leur partie supérieure pour donner issue aux anthères.... Ce qu'il y a de certain, c'est que, ayant ouvert de vive force plusieurs fleurs dont les étamines n'avaient pas encore fait saillie en dehors du sommet des balles. j'ai trouvé les anthères ouvertes et déjà vides au quart ou à la moitié de leur pollen, et j'ai vu très distinctement celui-ci épanché sur les stigmates multifides. » M. Bidard, de Rouen, qui a fait des observations très intéressantes sur la fécondation du blé, la décrit de la manière suivante :

« Les organes de la fleur ne peuvent fonctionner qu'à une température de 22 degrés. La fécondation a lieu alors subitement en moins d'une minute. Les anthères des étamines s'entr'ouvrent, le pollen tombe sur le pistil en forme de pluie ; mais, ce qu'il importe de bien noter, c'est que le phénomène a lieu à *huis clos.*

« C'est après la fécondation que l'on voit s'entr'ouvrir les deux valvules de la balle pour laisser passer les trois étamines, dont les filets, d'une longueur primitive de 1 millimètre, se sont allongés instantanément de 9 millimètres. La nourriture nécessaire pour cet allongement leur est fournie par les deux glandes situées à la base de la fleur et remplies d'un suc épais. Après la sortie des étamines, les valvules se renferment immédiatement et complètement. Ce phénomène dure au plus deux ou trois minutes. »

Les glandes dont parle M. Bidard ne peuvent être que les glumellules.

M. E. Häckel et M. Rimpau considèrent également les glumellules comme des glandes, et, suivant eux, elles remplissent une fonction encore plus curieuse que celle que leur attribue M. Bidard :

« J'ai observé, dit M. Häckel [1], que ces glandes ou *lodiculæ* sont minces et aplaties quand les fleurs sont fermées, tandis qu'au moment où ces fleurs sont ouvertes elles sont gonflées et si volumineuses qu'elles remplissent tout l'angle formé par l'ovaire et la glumelle inférieure. Quand le pollen est sorti des anthères, les glandes se rétrécissent de nouveau, et la glumelle se referme. Voici donc comment je comprends la floraison : aussitôt que les organes de la fleur sont complètement développés, les filets des étamines s'allongent rapidement, et, d'un autre côté, les glandes de l'ovaire se gonflent et, pressant sur la glumelle inférieure au-dessus de son point d'attache, l'obligent à s'ouvrir. »

M. Rimpau [2] a enlevé avec une aiguille les glandes des fleurs entr'ouvertes, et immédiatement leurs glumelles se sont refermées. D'un autre côté, il a conservé plusieurs jours de suite des épis à fleurs ouvertes dans des tubes où l'air était saturé de vapeur d'eau ; les glumelles ont conservé leur écartement, et les glandes des ovaires leur turgescence.

M. Rimpau a mesuré l'allongement des filets des anthères dans une variété de blé appelée *Américain précoce*, la température de l'air étant de 18-19 degrés centigrades. Voici les chiffres qu'il a déterminés pour deux filets :

1. 15 *Jahresbericht der nieder-österr. Landes Ober Real-schule zu Sanct-Pölten*, 1878.
2. *Das Blühen des Getreides.-Landwirthschaftliche Jahres-bücher*, 1882.

Temps employé.	Longueur du filet en millimètres.	Temps employé.	Longueur du filet en millimètres.
10 h. 31 min.	3,5	10 h. 18 min.	3,0
10 — 33 —	5,4	10 — 19 —	4,6
10 — 35 —	7,8	10 — 20 —	5,5
10 — 37 —	9,3	10 — 21 —	6,5
10 — 39 —	10,0	10 — 22 —	7,6
10 — 41 —	10,3	10 — 23 —	8,2
10 — 51 —	11,0	10 — 24 —	8,6
		10 — 25 —	8,9
		10 — 26 —	9,1
		10 — 27 —	9,3
		10 — 28 —	9,5
		10 — 38 —	10,3
		10 — 51 —	11,2

M. Askenasy a reconnu que, pendant cet allongement, il n'y a aucune augmentation dans le nombre des cellules qui constituent le filet, mais que toutes les cellules s'allongent elles-mêmes. En s'allongeant, elles absorbent de l'eau, qu'elles prennent surtout dans les anthères, car, si l'on enlève les anthères à certains filets, ces filets s'allongent moins que les autres.

Les étamines ne sortent pas toujours des épillets quand la fécondation est faite. J'ai souvent trouvé des anthères ouvertes et des stigmates couverts de pollen, dans des fleurs complètement fermées. Dans le blé de Pologne, qui a des pétales très grands, les étamines ne paraissent jamais au jour.

M. Shirreff raconte qu'à plusieurs reprises il avait entouré de fil des épis de blé au moment où ils venaient de sortir de leur fourreau, de manière à empêcher leurs glumelles de s'ouvrir, et qu'il n'en avait pas moins trouvé leurs grains formés, lorsque, quelques mois après, il avait enlevé le fil.

Dans un *Mémoire sur la fécondation des céréales envisagée dans ses rapports avec l'agriculture*, un savant belge, M. Ch. Morren, décrit cette fécondation de la manière suivante : « Les étamines allongent leurs filets; les anthères viennent alors se placer au-dessus des stigmates, et cela toujours dans l'intérieur des paillettes. Les deux stigmates s'écartent dans l'espace laissé libre entre la paillette externe et la face externe des deux bords de la paillette interne. Mais remarquons que la paillette externe recouvre la paillette interne jusque bien au-dessus de l'angle de ses bords, d'où il suit que tout le mécanisme se passe en dedans des floscules et sans que l'œil à l'extérieur puisse en saisir la moindre circonstance. C'est à peine si le sommet des stigmates peut aboutir, alors que ces organes éprouvent leur écartement en dedans du bord de la paillette externe. Or, au moment où les deux branches plumeuses stigmatiques offrent ainsi cet écartement, leurs poils, vrais stigmates, se dressent. Pendant ce temps, l'étamine externe ouvre le bas de son anthère par deux fentes, le pollen se projette et tombe de haut en bas sur les poils stigmatiques; l'anthère se vide alors pour un tiers environ. Nous avons trouvé que l'étamine externe commençait l'opération. Puis, les deux autres étamines agissent de même, mais nous pensons que leur projection de pollen est en quelque sorte inutile; car, vu le nombre restreint de granules polléniques qu'on trouve plus tard actifs dans l'opération, la quantité de pollen projeté par l'étamine externe est plus que suffisante pour accomplir la fécondation. Nous pensons donc que les deux étamines externes ne sont là que comme réserves mâles, en cas d'un accident qui détruirait l'étamine externe. La nature abonde en précautions de ce genre.... Enfin, quand les étamines se sont vidées par le bout de leurs anthères pour un quart ou pour un tiers de leur contenu, le filet continuant de s'allonger, ces organes mâles se font jour au dehors; ils glissent entre les paillettes et viennent voltiger au vent. Peu à peu les fentes anthériennes s'allongent, et, à la moindre secousse, le pollen flotte en nuage pulvérulent et jaune.

Mais on vient de voir comment ce pollen ne féconde

plus, comment c'est la première saillie qui a été efficace et comment les stigmates internés dans les paillettes sont soustraits complètement à l'action de ce pollen. »

Les agriculteurs disent que le blé est *en fleur* quand ils voient un certain nombre d'étamines pendantes autour des épis. Les fleurs dont les étamines sont visibles sont déjà fécondées, elles sont *passées*. Mais l'expression n'en est pas moins juste, car les fleurs qui se trouvent soit au-dessus, soit au-dessous de celles-là, sont moins avancées. Ordinairement la fécondation commence par les épillets du milieu de l'épi et puis elle s'étend peu à peu vers les deux extrémités. Elle a lieu presque en même temps pour les deux premières fleurs d'un épillet; mais la troisième est toujours en retard sur elle.

Fig. 22. — Épi de blé en fleur.

Voici des notes que j'ai prises en 1870 sur la marche de la floraison d'un épi de blé bleu qui se trouvait dans mon champ d'essais, tout près de la cage des thermomètres. Cet épi avait en tout 16 épillets, 8 de chaque côté de la tige; je désigne ces épillets par les numéros 1, 2, 3, etc., en commençant par le bas de l'épi (fig. 22).

Le *1er juin*, à 9 heures du matin, il n'y avait pas encore de fleur ouverte; à 6 heures du soir, pas davantage.

Le *2 juin*, à 11 heures 1/2 (le thermomètre marquant 21°,2 à l'ombre et 26°,5 à la boule noire au soleil), je trouve :

1 étamine déjà sortie de l'épillet 5 à gauche;
1 étamine déjà sortie de l'épillet 5 à droite;
1 étamine en train de sortir de l'épillet 4 à gauche;
1 étamine en train de sortir de l'épillet 6 à gauche;
1 étamine en train de sortir de l'épillet 6 à droite.

A 1 heure 45 minutes (22°,1 à l'ombre et 23°,4 au soleil), il est sorti :

1 étamine de l'épillet 7 à gauche;
1 étamine de l'épillet 4 à droite;
1 deuxième étamine de l'épillet 5 à droite;
Il en sort une deuxième de l'épillet 6 à droite.

A 6 heures du soir, l'épillet 3 à gauche est entr'ouvert et il en sort une étamine.

Le *3 juin*, à 9 h. 1/2 du matin (il a fait froid la nuit, 7 degrés, mais en ce moment le thermomètre à l'ombre marque 21°,1 et à la boule noire au soleil, 26°,7) :

Les épillets 3, 4, 5, 6 et 7 à gauche et à droit sont fleuris.

A 2 h. 1/2 (24 degrés à l'ombre et 29 au soleil), les seuls épillets où l'on ne voit pas encore d'étamines pendantes sont 1, 2 et 8 à gauche et 1 et 2 à droite.

Le *4 juin*, à 7 heures 45 du matin (17°,8 à l'ombre et 22°,1 au soleil), à gauche il y a des fleurs à tous les épillets, excepté à 1 et 8 à droite; à droite il y a des fleurs partout, excepté à 1. A 11 heures la bise (vent du nord-est) a enlevé la plupart des étamines, mais il en sort encore.

Le *6 juin*, à midi, il n'y a plus trace d'étamines pendantes; la forte bise qui souffle depuis le 4 les a toutes enlevées; la floraison paraît terminée. Ainsi la floraison a duré 4 à 5 jours par un temps sec et découvert avec vent du nord-est, quelquefois très violent.

En 1868 aucun de mes blés n'a fleuri avant le 23 mai, premier jour où la température moyenne de l'air a atteint 22 degrés avec 26°,5 le maximum.

Voici quelle a été la marche de la floraison du blé et de la température en 1868 à Calèves :

DATE	TEMPÉRATURE		BLÉ BLEU		BLÉ GALLAND	
	MOYENNE	MAXIMUM	NON FUMÉ	FUMÉ	NON FUMÉ	FUMÉ
22 mai.	17,7	24,6	»	»	»	»
23 —	22,8	26,4	»	Épie.	»	»
24 —	20,0	28,6	»	»	»	»
25 —	21,2	29,4	»	»	»	»
26 —	22,0	30,7	»	»	»	»
27 —	22,7	33,0	»	L'épi principal fleurit.	»	»
28 —	22,1	31,9	»	»	»	»
29 —	24,3	31,2	»	»	»	Épie.
30 —	22,5	30,7	»	»	»	»
31 —	20,8	30,7	»	»	»	»
1er juin.	18,9	27,8	Épie.	L'épi principal a fini de fleurir.	Épie.	Commence à fleurir.
2 —	19,0	24,6	»	Le 2e épi fleurit.	»	»
3 —	15,4	20,0	»	»	»	»
4 —	18,0	23,1	»	»	»	»
5 —	17,6	24,7	»	»	»	»
6 —	19,0	26,9	»	»	»	»
7 —	19,5	29,0	»	»	Fleurit.	»
8 —	17,4	21,0	»	»	»	»
9 —	12,8	15,7	»	»	»	»
10 —	12,1	16,8	»	»	»	»

Par suite de l'abaissement de température qui est survenu brusquement le 8, la fin de la floraison a traîné en longueur et beaucoup de fleurs ont avorté.

Chaque fois qu'il survient ainsi, pendant la période de la floraison, un froid subit ou des pluies abondantes et prolongées, l'air n'est plus assez chaud ni assez sec pour que les phénomènes de la fécondation puissent se produire, et les fleurs dont le tour de fécondation coïncidait avec ces conditions défavorables *coulent*; il reste à leur place des épillets vides, quelquefois toute une série d'épillets, ce que l'on appelle des *mailles*, où il n'y a que peu de grain ou pas de grain du tout. Lorsqu'on a semé un mélange de plusieurs variétés de blé dont l'époque de floraison n'est pas la même, on a la chance qu'une seule de ces variétés souffre de cette crise de température; et il est fort probable que cette sorte d'assurance mutuelle des diverses variétés contre les intempéries de l'atmosphère est le principal avantage du semis des mélanges.

D'après les observations que M. le Dr A. Godron a faites à Nancy [1], pendant trois années consécutives, sur le blé de Lorraine imberbe, sur le blé du Cap blanc sans barbe, le blé du Roussillon barbu, la Touzelle blanche de Provence, le blé d'Agde, le blé de Noé et le blé seigle : « C'est vers 4 h. 1/2 du matin que les premières fleurs commencent à s'ouvrir largement, si la température est au moins de 16 degrés C. C'est vers 5 heures ou 5 h. 1/2 que la floraison devient abondante, si la température que reçoit le blé s'est élevée à 18 degrés ou plus, ce qui a lieu le plus souvent, dit-il, si le soleil donne sur la plante. Toutefois la lumière directe n'est pas indispensable, et par un temps voilé, mais à chaleur égale dans les deux cas, on obtient même ordinairement une belle floraison. La durée de cette fonction est d'autant moins longue que la température augmente plus rapidement. Dans ces conditions favorables, à 6 h. 1/2 ou 7 heures (du matin) on ne voit plus s'ouvrir qu'un très petit nombre de fleurs, et l'on peut considérer la floraison comme terminée. »

La floraison exclusivement matinale que M. Godron a constatée ne provenait-elle pas de ce que les blés qu'il a observés se trouvaient « dans un jardin attenant à sa maison » et de ce que l'ombre projetée par cette maison empêchait la température de l'air de suivre la progression naturelle qu'elle a en plein champ? Comme Loiseleur-Delongchamps, comme M. Rimpau, j'ai, au contraire, souvent, je pourrais même dire toujours, vu la floraison, loin d'être arrêtée à 8 heures du matin, continuer toute la journée. Mais peu importe l'heure où le blé fleurit, l'essentiel est de savoir comment il fleurit, et, bien que M. A. Godron ait vu le pollen du blé féconder des *Ægilops ovata* à 10 et même 30 mètres de distance, il conclut avec nous que le métissage entre espèces ou variétés de blé est à peu près impossible.

Y a-t-il sous ce rapport des différences entre les diverses variétés de blé? c'est encore à examiner. Mais la fécondation directe des fleurs par elle-même (en allemand *Selbst-Befruchtung*) paraît être aussi générale pour l'épeautre et pour l'engrain que pour les diverses variétés de froment ordinaire et de froment dur. Il en est de même pour l'orge et l'avoine. Dans le seigle, tout au contraire, les fleurs ne se fécondent jamais par leur propre pollen.

M. P. Shireff cite, dans un opuscule où il a décrit ses travaux (page 15 de l'édition allemande), un cas où il avait cru pouvoir reconnaître un métissage naturel entre deux variétés qui croissaient l'une à côté de l'autre. Il avait semé, dans son champ d'expériences, alternativement du blé barbu blanc Shireff et du blé barbu rouge Shireff en bandes séparées par des intervalles de 30 à 35 centimètres. Puis, l'année suivante (en 1860), il avait employé les graines récoltées dans ce champ d'expériences pour ensemencer plusieurs hectares. A la moisson il trouva au milieu du blé rouge un certain nombre d'épis blancs, et au milieu du blé blanc quelques épis rouges, qu'il fit ramasser par des femmes. Les deux variétés conservèrent dans la suite leurs caractères distinctifs. Les grains blancs trouvés dans le blé rouge, semés à part, suivis avec beaucoup d'attention par M. Shireff lui-même, reprirent en 1861 la plupart des caractères de ce blé rouge, tandis que les grains rouges recueillis au milieu du blé blanc reprirent ceux de ce blé blanc. Mais, en 1862 et après, les descendants de cette première génération d'hybrides ne ressemblèrent plus du tout aux grands parents; il y eut de grandes différences entre eux, pour la forme des épis, la grosseur et la couleur des grains, la qualité de la paille. « Jusqu'alors, ajoute M. Shireff, je ne croyais pas que des variétés qui se trouvent les unes près des autres pussent se croiser entre elles; mais, dans le cas que je viens de décrire, je ne pus guère plus en douter. »

Cependant plus loin (à la page 49 de l'édition allemande) il dit :

« La modification qui survint en 1860 dans mon champ d'expériences et dont j'ai parlé à la page 15, n'est, au milieu de mes nombreuses expériences, qu'une anomalie. Pour étudier les causes des modifications qui surviennent quelquefois dans les blés, je semai, quelques années après, dans le même champ, des variétés à caractères très distincts. Les plantes prospérèrent, et les épis se mêlèrent au moment de la floraison. Quand les épis des diverses variétés furent mûrs, je les triai et en réservai les grains pour en obtenir une nouvelle récolte. Mais je n'y trouvai pas de modification du tout. Quand des variétés grandissent les unes à côté des autres, on pourrait supposer qu'elles se croisent entre elles, et, d'après cela, mon champ d'expériences, où depuis quatorze ans 100 à 200 variétés se trouvent réunies, à un pied de distance les unes des autres, ne devrait plus être qu'une masse complètement hétérogène. Mais c'est tout le contraire qui est arrivé : mes récoltes se montrèrent moins mélangées que celles des districts voisins, et je n'ai jamais pu y constater aucune modification, bien que je les triasse toujours moi-même avec beaucoup de soin sur une table. Il se produit, il est vrai, certaines modifications que j'appelerai modifications spontanées. Ce sont le plus souvent des différences dans les glumes des épis qui poussent sur un même pied ; tantôt elles sont couvertes de duvet, tantôt elles n'en ont pas ; quelquefois elles ont des barbes », etc.

J'ai tenu à citer les paroles mêmes d'un homme qui depuis 1819 jusqu'en 1876 s'est occupé de l'étude des variétés de blé ; elles montrent que, si le métissage naturel de ces variétés est possible, ce n'est que dans des cas tout à fait exceptionnels.

Il y a une vingtaine d'années, un horticulteur hongrois, M. Hoïbrenk, fit grande sensation en proposant un moyen artificiel pour favoriser la fécondation des fleurs du blé et les rendre ainsi plus fertiles. M. Hoïbrenk supposait que le vent, ou du moins une douce brise, en agitant les épis d'un champ de blé et les frottant les uns contre les autres, devait produire cet effet, et il conseillait de l'imiter, en promenant au-dessus des épis et au moment de la floraison une corde tout le long de laquelle étaient suspendus parallèlement des fils de laine de 30 à 40 centimètres de longueur ; au bout de ces fils se trouvaient de petites balles de plomb, grâces auxquelles les épis devaient être courbés les uns sur les autres. L'opération aurait ressemblé au *cordage* que nos cultivateurs du Midi font quelquefois au printemps sur leurs blés couverts de rosée et exposés ainsi à un refroidissement trop subit. Mais elle n'eut aucun succès pour la fructification des épis.

Voici comment M. Shireff a décrit sa manière d'opérer le métissage artificiel des blés :

« Il faut commencer les opérations en raccourcissant l'épi mère 24 à 48 heures après qu'il est sorti de son fourreau : on n'y laisse que 4 à 6 épillets et, dans chacun de ces épillets, les deux fleurs inférieures. On facilite ainsi les manipulations et l'on empêche que les fleurs supérieures ne les dérangent en répandant leur pollen sur les autres. On prépare de la même manière un ou deux épis pères. Puis on ouvre les glumelles de l'épi mère, on en enlève les anthères, on les remplace par celles de l'épi père et l'on ferme les glumelles par une légère pression des doigts.

« Lorsqu'on enlève les anthères de l'épi mère, il faut avoir soin de ne pas les blesser, ce qui pourrait faire tomber un peu de leur pollen sur les styles et empêcherait l'hybridation. Cette précaution est inutile pour les anthères de l'épi père, car le pollen conserve longtemps ses propriétés fécondantes, et la rupture des lobes ne peut que favoriser la fécondation. Il est prudent d'attacher les épis opérés à des piquets, afin d'empêcher que leur agitation par le vent ne les frotte les uns contre les autres, et de les envelopper dans une gaze métallique, afin de les protéger contre les oiseaux. En général, les premiers produits de l'hybridation ne sont que des avortons de grains ; c'est seulement après deux ou trois reproductions qu'on peut bien reconnaître leurs caractères ; et il faut un nombre encore plus grand de reproductions pour déterminer l'influence du climat sur les nouvelles variétés. »

M. Henri Vilmorin, qui a créé par le métissage de si belles variétés de blé, a eu l'obligeance de me communiquer les détails suivants sur sa façon de procéder :

« Quand on veut faire un croisement, il faut entr'-ouvrir une fleur près de se féconder, supprimer ses trois étamines encore vertes et closes, puis refermer la fleur. Le lendemain ou quelques heures après, on revient avec un épi du blé qui doit servir de père et, choisissant des étamines qui s'apprêtent à répandre leur pollen, on en verse le contenu sur les pistils que l'on veut féconder.

« L'opération exige une certaine dextérité de main, mais elle ne présente pas de difficulté réelle. »

CHAPITRE XIV

Maturation et moisson.

Dans ses Recherches sur le rôle des feuilles dans le développement du blé, Isidore Pierre a comparé leur poids à diverses époques, depuis leur première apparition jusqu'à la moisson. Il appelle *première feuille* celle qui est la plus rapprochée de l'épi. La floraison a eu lieu du 23 au 29 juin.

OBSERVATIONS DE L'ANNÉE 1864

POIDS TOTAL DE MATIÈRE SÈCHE POUR 4 CENTIARES

	1re RÉCOLTE 11 mai	2e RÉCOLTE 3 juin	3e RÉCOLTE 22 juin	4e RÉCOLTE 6 juillet	5e RÉCOLTE 25 juill.
	Gr.	Gr.	Gr.	Gr.	Gr.
Premières feuilles....	»	193,3	275,1	245,5	166,1
Deuxièmes feuilles...	»	167,3	234,4	192,1	145,6
Troisièmes feuilles ...	114,5	137,1	159,8	117,7	103,6
Quatrièmes feuilles...	100,0	121,2	93,9	69,1	69,1
Cinquièmes feuilles...	60,9	80,6	19,3	13,3	17,4
Toutes les feuilles....	275,4	699,5	782,5	637,7	501,8
Récolte entière sans les racines.........	566,4	1258,3	2273,7	2430,5	2416,1

L'inspection de ce tableau qui résume les données fournies par les feuilles de différents étages et à différents âges, nous permet d'en tirer les conclusions suivantes :

1° Depuis la fin de la floraison, le poids absolu des feuilles de même étage diminue constamment, à mesure qu'on approche de l'époque de la maturité du grain. Cette diminution peut s'élever jusqu'à 40 pour 100.

2° Pour une même époque d'observation, le poids total des feuilles d'un même étage est d'autant plus considérable que l'on considère les feuilles d'un étage plus élevé; en d'autres termes, le poids des feuilles d'un même étage est d'autant plus faible que ces feuilles sont plus anciennement développées.

3° C'est vers l'époque de la floraison que le poids total de l'ensemble de toutes les feuilles atteint son maximum, pour diminuer ensuite jusqu'à la maturité de la plante.

Une partie des éléments constitutifs des feuilles est absorbée au profit des autres parties de la plante dans l'intervalle de temps qui s'écoule depuis la floraison jusqu'à la maturité de la graine.

Dans les feuilles de chaque étage, la richesse en azote va constamment en diminuant à mesure que l'on s'approche de l'époque de la maturité. A toutes les époques d'observation, mais surtout à partir de la floraison, les feuilles des divers étages sont d'autant moins riches en azote qu'elles so t situées à un étage plus bas, plus voisin du pied de la tige.

Il en est de même pour l'acide phosphorique, la potasse et la magnésie.

Par contre, la quantité de chaux contenue dans les feuilles tend à augmenter.

En résumé, les feuilles semblent remplir, au moins pendant une partie importante de leur vie, le rôle de magasins et d'élaborateurs. Ces magasins s'emplissent sous l'influence de plusieurs causes, parmi lesquelles l'une des plus importantes est l'abondante transpiration des feuilles.

Tant que la plante puise activement, dans le sol qui lui sert de support, l'eau qui lui est indispensable, les matériaux s'accumulent dans les feuilles en proportion et en quantité croissantes. Mais, lorsque, peu de temps après la floraison, la plante ne semble plus emprunter au sol en proportion notable les principaux minéraux que le sol peut seul fournir, le poids total des feuilles cesse de s'accroître; et si, quand les feuilles sont disposées par étages sur une tige, comme dans le froment, les feuilles supérieures semblent encore augmenter de poids, la majeure partie de cet accroissement a lieu aux dépens des feuilles inférieures plus anciennement développées, c'est-à-dire qu'il s'établit alors, des feuilles inférieures aux feuilles supérieures, et de là vers l'épi, des phénomènes de transports ascendants qui semblent s'effectuer par relais successifs.

Dans les végétaux où la fructification se fait à l'extrémité des tiges ou branches, comme dans le froment, il semble s'effectuer, outre les transports généraux dont nous venons de parler, dans les organes de la plante, une véritable analyse, par suite de laquelle les matières indispensables au développement des graines sont appelées vers elles sous l'influence de leurs enveloppes extérieures, jouant ici un rôle aspirateur semblable à celui des feuilles proprement dites; les matières inutiles ou peu utiles au parfait développement de la graine sont entraînées ou retenues plus ou moins loin, surtout dans les organes qui, comme les feuilles, transpirent abondamment.

C'est ainsi que les matières azotées, les phosphates, la potasse et la magnésie viennent s'accumuler dans les graines, tandis que la silice et la chaux s'accumulent dans les feuilles et dans les enveloppes extérieures des graines (balles).

Voici, également d'après Isidore Pierre, pour un hectare, le poids des tiges, feuilles et épis supposés secs aux principales époques de la végétation du blé :

Le 3 juin, au moment de l'épiage.

	Kilogr.
Poids des épis, par hectare	250
— des feuilles	1 749
— des nœuds	190
— des entre-nœuds	791
— de la partie supérieure des tiges.	22
Poids total de la récolte	3 002

Le 22 juin, après la floraison.

Épis	917
Feuilles	1 956
Nœuds	308
Entre-nœuds	2 238
Partie supérieure des tiges	634
Poids total de la récolte	6 053

Le 25 juillet, au moment de la moisson.

Épis	2 540
Feuilles	1 255
Nœuds	259
Entre-nœuds	1 822
Partie supérieure des tiges	567
Poids total de la récolte	6 443

La plante, à la première de ces trois époques, n'avait encore atteint que la moitié du poids réel (en matière *sèche* bien entendu) auquel elle devait parvenir; mais au 22 juin, c'est-à-dire plus d'un mois avant sa maturité, elle possédait, en bloc, la presque totalité des principes qu'on y devait retrouver au moment de la récolte; seulement ces principes n'étaient pas distribués ni élaborés de la même manière.

Si, au lieu de ne considérer que le poids brut, nous comparons, à ces mêmes époques, la répartition et la quantité des substances qui jouent un rôle considérable dans la vie de la plante, l'azote, l'acide phosphorique et la potasse, par exemple, voici ce qu'on trouve, d'après les mêmes recherches, toujours pour un hectare :

Azote.

	3 juin. Kilogr.	22 juin. Kilogr.	25 juillet. Kilogr.
Épis	9,05	17,10	51,33
Partie supérieure des tiges	0,66	10,49	3,45
Feuilles	44,40	42,68	16,29
Nœuds	4,80	4,17	1,71
Entre-nœuds	9,47	21,41	6,91
Récolte entière..	68,38	95,85	79,69

Acide phosphorique.

	Kilogr.	Kilogr.	Kilogr.
Épis...............	2,43	4,33	10,88
Partie supérieure des tiges	0,20	2,97	0,67
Feuilles	5,84	6,40	1,45
Nœuds	0,92	1,18	0,45
Entre-nœuds	2,23	6,25	3,47
Récolte entière..	11,62	21,13	16,32

Potasse.

	Kilogr.	Kilogr.	Kilogr.
Épis...............	4,43	4,25	13,79
Partie supérieure des tiges	0,43	6,24	1,37
Feuilles	11,48	8,67	0,96
Nœuds	3,77	4,41	4,05
Entre-nœuds	3,23	8,56	4,55
Récolte entière..	23.34	32.43	24.72

Il résulte de l'ensemble de ces documents que si, au moment de l'épiage, la plante ne contient pas encore la totalité de l'azote, de l'acide phosphorique et de la potasse qu'on y doit trouver à l'époque de la moisson, elle contient déjà plus des deux tiers de l'acide phosphorique et plus des sept huitièmes de l'azote et de la potasse. Peu après la floraison, et environ cinq semaines avant la maturité, ces mêmes substances s'y trouvent au grand complet.

Quant au grain, son poids sec était par hectare pour la même récolte :

Le 6 juillet, poids du grain.	758 kilogr.
Le 11 — —	1 205 —
Le 15 — —	1 397 —
Le 20 — —	1 704 —
Le 25 — —	2 070 —

L'ensemble de la récolte de blé de 1864 contenait par hectare :

	11 MAI	3 JUIN	22 JUIN	6 JUILLET	25 JUILLET
	Kilogr.	Kilogr.	Kilogr.	Kilogr.	Kilogr.
Matières organiques, déduction faite de l'azote et des cendres...........	1 230,3	2 787,8	5 309,1	5 743,3	5 731,6
Azote...............	50,9	52,1	89,9	84,6	78,6
Silice...............	35,3	67,3	127,8	101,0	108,8
Oxyde de fer........	5,6	5,2	6,9	6,9	5,9
Acide phosphorique.	9,8	11,0	18,7	17,7	16,2
Chaux..............	17,5	21,7	31,3	28,6	23,8
Magnésie.	3,5	3,7	7,5	6,7	7,5
Potasse............	22,0	23,4	27,0	27,9	23,5
Soude.	13,8	21,0	24,5	20,6	14,8

Ainsi, à la fin de la floraison, la plante a déjà presque complètement acquis tout son poids; mais elle a surtout complètement acquis les substances minérales qu'elle doit contenir plus tard, à l'époque de sa maturité. Cette espèce de saturation ne porte pas seulement sur *l'ensemble* des substances minérales, elle porte également sur chacune d'elles, considérée séparément : *azote, acide phosphorique, potasse*, etc.

Cependant, ajoute Isidore Pierre, la matière organique proprement dite, la matière carbonée, n'a pas encore atteint sa limite d'accroissement quand la provision de matière minérale semble déjà complète.

M. Heinrich, en Allemagne, a suivi la formation et la migration des matières organiques dans la plante de blé. Il a trouvé dans 100 parties de substance sèche de la tige et de l'épi :

ÉPOQUES DE VÉGÉTATION	GLUCOSE		SUCRE DE CANNE		MATIÈRES ANALOGUES A LA GOMME		AMIDON OU CONGÉNÈRES		TOTAL DES MATIÈRES ORGANIQUES NON AZOTÉES	
	Tige	Épi	Tige	Épi	Tige	Épi	Tige	Épi	Tige	Épi
1. Très jeune plante.	8,2	»	»	»	26,9	»	»	»	35,1	»
2. La tige commence à se former..	15,1	»	3,4	»	20,5	»	»	»	39,0	»
3. Le blé commence à monter.......	12,3	9,3	6,5	8,2	18,9	26,0	»	»	37,7	43,5
4. Le blé commence à épier.........	10,8	9,5	8,7	6,9	14,7	11,6	3,0	11,4	37,2	39,4
5. Floraison........	9,0	4,4	5,5	6,7	14,1	7,1	3,4	28,9	32,0	47,1
6. La fleur est passée............	7,7	1,4	4,7	2,3	9,7	4,7	4,5	54,4	26,6	62,8
7. Les épis jaunissent.	5,6	Traces.	3,9	Traces.	3,6	2,7	4,5	68,6	17,6	71,3
8. Moisson........	0	0	0	0	1,8	2,5	5,6	71,4	7,4	73,9
9. Blé plus que mûr.	0	0	0	0	1,7	2,4	5,0	73,1	6,7	75,5

Les matières analogues à la gomme (*gummiartige Substanz*) et les congénères de l'amidon (*stärkeartige Substanz*) sont mal définis; mais le tableau n'en est pas moins intéressant, parce qu'il permet de suivre d'un coup d'œil l'apparition de l'amidon qui augmente peu à peu, tandis que le glucose et le sucre diminuent.

Quant aux matières organiques azotées, M. Heinrich en a trouvé dans 100 parties de matières sèches aux diverses périodes de la végétation :

	Tige.	Épi.
1. Très jeune plante............	18,5	»
2. La plante commence à épier.	5,5	20,7
3. Avant la floraison..........	4,4	14,2
4. Pendant la floraison..	4,0	11,0
5. Après la floraison..........	2,8	9,3
6. Demi-maturité......	2,0	8,8
7. Maturité complète..........	1,9	8,0

Les tableaux suivants, dus au même chimiste, montrent comment l'azote, l'acide phosphorique, la potasse et la magnésie se concentrent dans les grains, à mesure que ceux-ci se développent et se remplissent d'amidon.

	4 JUILLET FIN DE LA floraison	18 JUILLET DEUX SEMAINES après la floraison	1er AOUT ÉTAT LAITEUX	8 AOUT DEMI-MA-TURITÉ	23 AOUT MATURITÉ COM-PLÈTE
Sucre de canne.	6,97	4,21	»	»	»
Glucose........	4,08	1,27	Traces.	»	»
Extrait par l'é-ther (matières grasses, chlo-rophylle)....	5,69	2,25	2,08	1,90	1,90
Gomme.	12,64	7,50	5,86	5,43	4,97
Amidon........	11,79	61,44	74,17	75,66	76,38
Substances azo-tées	14,15	14,05	12,21	11,82	11,67
Cellulose......	10,35	6,77	3,54	3,22	3,20
Matières miné-rales totales :	4,33	2,48	2,11	1,97	1,88
Potasse.....	1,31	0,77	0,53	0,48	0,45
Soude	0,05	0,00	0,01	»	»1
Chaux......	0,41	0,17	0,08	0,08	0,07
Magnésie ...	0,51	0,31	0,28	0,25	0,02
Oxyde de fer.	0,02	0,02	0,02	0,06	0,05
Acide sulf..	»	»	»	»	»
Acide phosp.	1,74	1,10	1.12	1,02	0,98
Chlore......	0,32	0,11	0,07	0,07	0,06
Silice.......	0,02	0,02	0,03	0,04	0,04

Pour voir comment les quantités absolues de ces diverses matières organiques et minérales ont varié à mesure que le grain se développe, on peut les rapporter aux grains de 100 épis (2600 grains), et l'on trouve ainsi en grammes :

	4 JUILLET	18 JUILLET	1er AOUT	8 AOUT	23 AOUT
	Gr.	Gr.	Gr.	Gr.	Gr.
Sucre de canne.	0,9	0,5	»	»	»
Glucose........	0,5	0,4	»	»	»
Gomme........	1,6	2,7	4,7	4,8	4,5
Amidon........	5,3	22,0	58,5	67,0	70,0
Matières azotées	1,8	5,0	10,0	10,5	10,7
Extrait par l'éther.	0,72	0,81	1,65	1,68	1,70
Cellulose......	1,3	2,4	2,8	2,9	2,0
Matières minérales totales :	0,35	0,84	1,70	1,75	1,70
Potasse.....	0,17	0,26	0,42	0,43	0,43
Soude......	0,007	0,002	0,01	»	»
Chaux......	0,05	0,006	0,07	0,07	0,07
Magnésie...	0,06	0,11	0,22	0,22	0,22
Oxyde de fer.	0,03	0,006	0,017	0,44	0,053
Acide phosphorique...	0,22	0,37	0,97	0,90	0,91
Chlore......	0,04	0,04	0,05	0,66	0,06
Silice.......	0,003	0,007	0,03	0,03	0,01
Poids de 2600 grains.	12,7	35,7	70,4	88,6	91,6

Quand le grain vient de se former, les cellules de l'endosperme sont remplies d'un protoplasma azoté et visqueux dans lequel des grains d'amidon deviennent peu à peu visibles et qui prend ainsi un aspect *laiteux*. La surface des grains est encore verte, comme celle des glumes qui l'entourent et de toute la plante. A mesure que sa surface jaunit, l'intérieur se remplit de plus en plus d'amidon et prend un aspect corné ou farineux, suivant qu'il y a plus ou moins de gluten dans les intervalles de cet amidon. On peut en le pétrissant en faire une pâte qui ressemble à de la cire blanche.

Le grain jaunit en même temps que la tige et les feuilles. Il est encore facile de le couper avec l'ongle, mais difficile de le détacher de l'épi. C'est le meilleur moment pour couper le blé ; il n'est que demi-mûr, mais il a complètement achevé de concentrer l'amidon avec les matières azotées et minérales qui doivent le former. De plus, lorsqu'on le moissonne dans cet état, il est plus fin, il a plus de brillant *et plus de main* que si les épis restent plus longtemps sur les tiges, exposés à toutes les alternatives de pluies et de coups de soleil qui, tantôt le gonflent, tantôt le dessèchent.

Du 19 août au 11 septembre 1863, M. Th. Siegert [1] moissonna du blé de printemps à huit dates différentes, et, chaque fois, il en égrena immédiatement la moitié, tandis que l'autre moitié fut conservée jusqu'en novembre sans être battue. Dans les deux premiers lots il a distingué les épis les moins mûrs (*a*), et les épis les plus mûrs (*b*). Ainsi, dans le lot *a* du 19 août, les tiges et les épis étaient encore complètement verts, les grains également verts, mous et laiteux ; dans le lot *b* de la même date, la couleur commençait à jaunir un peu. Dans le lot *a* de la deuxième récolte (22 août), les grains ressemblaient à ceux du lot *b* de la première récolte ; dans le lot *b* ils étaient plus complètement jaunes, mais encore avec un peu de vert. A la quatrième récolte (28 août), les grains avaient pris une certaine dureté, mais étaient difficiles à détacher ; les épis étaient jaunes, mais les tiges encore verdâtres. A la sixième récolte, les grains, tout à fait durs, se séparaient déjà facilement des épis. Voici les poids en grammes qu'il a trouvés pour 1000 grains :

1. *Landwirthschaftliche Versuchsstationen*, vol. IV.

	1re RÉCOLTE		2e RÉCOLTE		3e	4e	5e	6e	7e	8e
	a	b	a	b						
Grains battus immédiatement.	18,2	26,8	26,9	28,1	28,8	28,0	30	30,1	30	28,7
Grains battus en novembre...	22,4	26,0	27,0	29,2	29,2	29,7	30,6	30,5	29,6	29,1

M. A. Nowacki, aujourd'hui professeur à l'École polytechnique de Zurich, a fait à Halle une étude très intéressante sur *la Maturation des céréales*. Il a moissonné du blé à quatre périodes différentes et, comme M. Siegert, il en a chaque fois égrené immédiatement une partie, A, et conservé le reste, B, en moyettes avant de le battre. A la première période les grains étaient complètement verts; à la deuxième, encore laiteux, mais jaunes, sauf dans les fentes; à la troisième ils avaient pris une certaine dureté, mais pouvaient encore se fendre avec l'ongle; à la quatrième ils étaient déjà trop durs pour pouvoir se fendre avec l'ongle.

	EAU P. 100 CONTENUE DANS LES GRAINS		POIDS DE 100 GRAINS SECS EN GRAMMES		POIDS SPÉCIFIQUE		VOLUME DE 100 GRAINS EN CENTIMÈTRES CUBES	
	A	B	A	B	A	B	A	B
1re période.	51,47	11,82	2,8559	2,0735	1,2004	1,4019	5,3072	2,4054
2e période.	47,69	11,67	3,5813	3,7070	1,2205	1,3907	5,1657	2,0083
3e période.	25,73	11,61	4,1862	4,2201	1,3363	1,3067	4,2820	3,4285
4e période.	12,23	11,57	4,2180	4,1035	1,3013	1,3862	3,5193	3,4252

Quant à la composition chimique des grains récoltés à ces différentes phases de maturité, elle a été :

Dans 100 parties des grains séchés à l'air.

	État laiteux.	Demi-maturité.	Maturité parfaite.
Eau	12,03	11,97	11,82
Amidon	71,63	71,90	72,97
Matières azotées.	11,15	11,76	10,91
Cellulose	1,80	1,35	1,33
Matières grasses.	1,47	1,51	1,44
Cendres	1,91	1,50	1,51

Dans 1000 grains séchés à l'air.

Eau	4,05	5,83	5,67
Amidon	24,14	35,01	35,03
Matières azotées.	3,76	5,73	5,24
Cellulose	0,61	0,66	0,64
Matières grasses.	0,49	0,73	0,69
Cendres	0,64	0,73	0,73

On voit que les grains récoltés demi-mûrs ne diffèrent pas beaucoup par leur composition chimique des grains complètement mûrs, mais ils contiennent environ 11 grammes d'amidon et 2 grammes de matières azotées de plus que les grains récoltés à l'état laiteux.

Ces derniers n'ont pas achevé de se *nourrir*, en concentrant les matériaux encore épars dans les autres organes de la plante. Même si l'on a soin de les mettre en moyettes, ils restent plus petits que les autres, et l'on perd sur la quantité comme sur la qualité de la récolte.

Pour faire du blé marchand, destiné à la consommation, il faut le moissonner quand les grains sont devenus jaunes, mais se laissent encore facilement fendre avec l'ongle. Dans cet état, les grains ont déjà toute leur aptitude à germer, mais ils risquent de la perdre s'ils viennent à s'échauffer dans les greniers. Ce risque est d'autant moins grand que les grains contiennent moins d'eau ; il vaut donc mieux laisser mûrir un peu plus ceux qu'on destine à servir de sement.

Pour que ces transformations successives du grain de blé puissent se faire d'une manière complète, il faut de la sécheresse et de la chaleur, mais il ne faut ni sécheresse ni chaleur exagérées. S'il survient, après la floraison, quelques journées de vent sec et brûlant, la concentration normale des éléments vers le grain est tout à coup arrêtée et le développement de ce grain est interrompu ; il ne peut plus se nourrir ; il reste petit, léger ; il a été, comme on le dit, *échaudé*.

Ainsi que nous l'avons montré au chapitre V, certaines variétés de froment sont plus sujettes que d'autres à cet accident, et les mêmes variétés habituées à mûrir sous les climats brumeux des bords de l'océan Atlantique et de l'Angleterre souffrent de la sécheresse des étés lorsqu'on essaye de les cultiver dans les contrées de l'Est. Mais, toutes choses égales d'ailleurs, on peut jusqu'à un certain point éviter l'échaudage, en empêchant, comme pour la verse, cette végétation exubérante qui retarde la maturation. Pour cela, il faut modérer l'emploi de l'azote dans les engrais, et même, si les terres en contiennent déjà beaucoup, supprimer l'usage du fumier de ferme, comme l'a fait M. Rémond à Minpincien, et se servir uniquement d'engrais minéraux. Des semis trop clairs peuvent également contribuer à retarder la maturation d'une partie des épis et les exposer ainsi à l'échaudage, en exagérant le tallage. Les agriculteurs hongrois en ont fait l'expérience à leur détriment, et, après avoir trop diminué leur semature pendant quelques années, ils sont revenus à des doses plus fortes.

Il va sans dire qu'il faut, toutes choses égales d'ailleurs, commencer la moisson par les variétés les plus sujettes à s'égrener, comme le blé bleu. Dans les fermes qui ont des terres de diverses natures et qui sont diversement exposées, il est facile de choisir pour chaque pièce de blé le meilleur moment pour la couper. Dans les autres, il est prudent d'avoir plusieurs variétés qui mûrissent les unes après les autres.

Dans tous les cas, le cultivateur doit avoir sous la main, prêts à être employés en temps opportun, tous les moyens pour faire marcher rondement la moisson. Il faut que ses chars et ses machines soient tous en bon état et qu'il ait retenu le nombre d'ouvriers qui, avec ses attelages, permet de *diviser le travail* de la manière la plus économique.

« La fin de la culture des terres à grains, dit Olivier de Serres, est la moisson : récompense attendue et digne du laboureur. Joyeusement donques le père de famille mettra la dernière main à sa terre, pour en tirer le rapport selon la bénédiction de Dieu, faisant mestiver ou moissonner ses blés avec diligence : laquelle d'autant plus grande est requise, que plus apparent est le danger de perte, par négligence, quand inopinément les vents impétueux, pluies violentes, et autres tempestueux orages, surviennent sur la maturité des blés dont souvent ils sont jettés et renversés par terre avec très grand desgast. Il aura de longue main faict ses provisions pour telle fatigue, de deniers, de vivres, d'ouvriers, d'outils, aura aussi réaccommodé ses granges et greniers, à ce que rien ne défaille à faute de prévoyance. Les outils seront faucilles bien tranchantes et autres instrumens receus ès endroits où l'on est, sans s'amuser d'en rechercher curieusement ne de l'antiquité, ne d'invention nouvelle, d'aucune façon inusitée. La maturité des blés se cognoist aisément à la couleur, qui est jaune ou blonde, et quand les grains sont affermis, non encores du tout endurcis. C'est alors le vrai poinct de les couper; à quoi s'accordent les anciens et les modernes, avec ceste commune raison, que les prenant un peu verdelets et non extrèmement meurs, s'achèvent de meurir et préparer en gerbe, et n'est-on en danger d'en perdre beaucoup en moissonnant et charriant comme l'on feroit les prenant par trop meurs et desséchés : dont grande quantité de grains s'escoulans sortent de l'espi allans à terre sans pouvoir estre recueillis. Par cette raison beaucoup mieux s'avancer de deux ou trois jours, que de retarder aucunement; poinct que le blé pourtant n'en descheoit nullement de couleur, laquelle il s'acquiert bonne et belle, se confinant un peu en gerbe. Le blé qu'aurès destiné pour semence, ne sera coupé qu'en parfaite maturité, estant nécessaire, pour le faire bien fructifier, de le laisser meurir en perfection, sans avoir esgard au deschet qui pourra estre, en attendant cela. De choisir le poinct de la lune et les heures du jour pour la couppe des blés comme aucuns ont commandé, c'est chose impossible, bien que cela fût à désirer (la vieille lune et les matinées et vesprées, pour tel action, estans à préférer à tout autre temps) : car les blés ne vous donnent ce loisir-là d'attendre ni délayer aucunement pour s'avancer d'heure à autre, depuis qu'ils ont prins le vol de se meurir : voire se bruslent-ils presque de moment à autre, par la véhémente chaleur du soleil. Parquoi à moissonner employera-on toutes les minutes du jour, monstrans par diligence combien nous chérissons ceste précieuse manne que le blé laquelle pour nostre nourriture Dieu nous donne tant libéralement. Aussi par excellence telle raison est du vulgaire appellée *le temps des besognes :* comme voulant dire toutes autres œuvres de la terre, n'estre que préparatifs pour ceste-ci, ou ses accessoires. »

Comme tous les instruments agricoles, ceux qui sont employés pour couper les céréales se sont perfectionnés peu à peu, à mesure que les ouvriers devenaient plus rares et plus chers. Autrefois on employait généralement la faucille, que les anciens Grec sont donnée comme attribut à Cérès, leur déesse des moissons, et elle est encore en usage aujourd'hui dans certains pays. On est obligé d'y avoir recours encore partout pour les blés très versés, mais elle ne permet de couper que de 15 à 20 ares par jour.

Dans les Cévennes, dans la Basse-Bretagne, on se sert, comme dans quelques comtés de l'Angleterre, du *volant*, faucille de plus grande dimension que les faucilles ordinaires, au moyen de laquelle un bon ouvrier peut *crépeler* ou *crételer* de 30 à 35 ares par jour.

Les ouvriers flamands coupent à peu près autant dans une journée avec leur *sape*.

Avec la *faux*, armée d'une sorte de râteau en baguettes courbées, un solide ouvrier peut arriver à couper de 50 à 60 ares par jour. Mais, pour les blés versés, la faucille et la sape valent mieux.

Quand les ouvriers irlandais, qui avaient l'habitude de venir faire la moisson en Angleterre, commencèrent à faire défaut, parce que beaucoup d'entre eux avaient émigré en Amérique, les fermiers furent forcés de chercher à les remplacer par des *machines à moissonner*. Les projets et les modèles ne manquaient pas. Depuis la plus haute antiquité on en avait inventé, mais elles n'étaient jamais entrées dans la pratique courante, parce qu'elles ne répondaient pas encore à un besoin économique, c'est-à-dire parce qu'on trouvait encore partout assez d'ouvriers pour faire la moisson aussi rapidement et plus économiquement qu'avec les machines. De plus, ces machines, par cela même qu'elles n'avaient pas encore été beaucoup employées et qu'elles se bornaient à figurer dans quelques expositions ou dans quelques musées, n'avaient pas encore reçu les perfectionnements que la pratique seule pouvait y apporter.

L'Amérique du Nord avait également un grand intérêt à ce que le problème du moissonnage mécanique fût bien résolu. Sans machines elle n'aurait jamais pu donner à la culture du blé une aussi vaste extension.

Les deux grands pays anglo-saxons rivalisèrent d'ardeur pour arriver à des solutions pratiques. Tantôt c'était l'un, tantôt l'autre qui apportait aux concours internationaux un nouveau progrès, et Mac-Cormick y a contribué plus que tout autre, en donnant au *cutter* la forme de scie animée d'un mouvement de va-et-vient qui a été adoptée par tous les constructeurs. Aujourd'hui les bons modèles de machines à moissonner sont nombreux : Mac-Cormick, Samuelson, Burgess et Key, Bukeye, Adriance, Osborne, Johnston, etc.

C'est de l'Exposition universelle de 1855 et des essais qui furent alors faits à Trappes que date réellement leur introduction en France, et depuis cette époque nos constructeurs ont, à leur tour, contribué à leur perfectionnement.

Avec deux attelages de deux chevaux qui se relayent à deux reprises de sept heures du matin à huit ou neuf heures du soir, une machine peut fournir un travail effectif de douze à treize heures par jour, et couper 3 à 4 hectares.

Les deux relais de deux chevaux, à 5 fr. par cheval, coûtent	20 fr.
Les deux journées de charretier à 4 fr.	8
L'intérêt et l'amortissement de la machine suivant l'étendue de céréales cultivée, de.........................	3 à 7 fr.
L'huile, la graisse, le repassage des lames, de.........................	2 fr.
Total.....................	33 à 37 fr.

pour 3 à 4 hectares, soit en moyenne 10 francs par hectare.

En 1851 les ouvriers qui venaient faire la moisson dans la Beauce et dans la Brie demandaient 10 à 11 francs par hectare pour le fauchage. Aujourd'hui ils exigent 22 à 25 francs. Par conséquent, le travail de la machine coûte de 12 à 15 francs de moins. Dans les contrées où la main-d'œuvre est moins chère qu'aux environs de Paris, les avantages des machines sont moins grands, mais partout elles sont utiles en donnant aux cultivateurs la certitude de pouvoir faire leur moisson en temps opportun et, quand même elles restent sous le hangar, elles empêchent les ouvriers de devenir trop exigeants.

Mais quelquefois ces ouvriers demandent pour le liage des javelles d'autant plus que les machines les abattent plus rapidement : au lieu de 10 francs par hectare comme autrefois, c'est 12 et 15 francs qu'ils réclament. Le problème du moissonnage économique n'est donc qu'à moitié résolu tant que le liage ne peut pas se faire mécaniquement comme le fauchage. Les constructeurs ont cherché à compléter la solution en faisant des moissonneuses-lieuses, dont quelques-unes donnent déjà un travail satisfaisant, par exemple celles de Mac-Cormick, Wood [1], Hornsby, Johnston, Osborne et Albaret, mais il faut trois chevaux pour les tirer (fig. 23).

Dans les immenses exploitations (*Possada farms*) de l'Amérique du Nord on a fait mieux encore : on a complètement supprimé le liage. On emploie des machines à moissonner plus larges que les nôtres, qui sont poussées par des chevaux attelés à l'arrière ; le blé coupé tombe sur une toile sans fin qui le déverse sur un char à large plate-forme fixé momentanément au côté de la machine et avançant avec elle. Chaque fois qu'un char est rempli, il est remplacé par un autre et conduit immédiatement à une puissante machine qui fonctionne en plein champ, mue par une locomobile qu'on alimente avec la paille même du blé, et qui bat ce blé, le vanne et le met en sac.

Pour réduire le prix de revient de nos grains, il

1. La moissonneuse-lieuse de Walter Wood, exposée par M. Pilter au Palais de l'Industrie en 1886, paraît excellente.

Fig. 23. — Moissonneuse-lieuse.

faudrait chercher à imiter, tout en conservant la paille, les moyens expéditifs employés par nos concurrents d'outre-mer, mais cela n'est possible que dans les très grandes exploitations et sous les climats où les étés sont assez secs pour bien faire mûrir le blé et permettre de le battre sans le mettre en moyettes.

Dans tous les cas, partout où la saison ne l'empêche pas, il est bon, si toutefois la paille n'est pas mêlée d'herbes ou de jeunes trèfles, qu'il faut laisser sécher, de lier les gerbes derrière les faucheurs ou la machine qui les remplace, et soit de les rentrer immédiatement pour les mettre en granges ou en meules, soit de les entasser en *dizeaux*; les grains y sont à l'abri d'une pluie passagère, et, quand le temps menace de se gâter pour plus longtemps, on peut les charger rapidement sur les chars.

Dans les contrées à étés moins secs, il faut avoir recours aux *moyettes*, qui sont en usage général dans le Nord-Ouest de la France. M. Dailly, à Trappes, paye, pour faire les moyettes, 6 francs par hectare en sus du prix qui a été fixé pour le moissonnage du blé. L'ensemble des travaux de moissonnage lui a coûté par hectare :

De 1853 à 1862 en moyenne....	36 fr.	60
— 1863 à 1872 —	 40	50
— 1873 à 1877 —	 41	60

Suivant l'usage des divers pays, le poids des gerbes de blé varie de 4 à 15 kilogr. En général, elles sont plus grosses dans les contrées méridionales, plus petites dans celles du Nord-Ouest, où l'humidité rend difficiles la maturation du grain et la dessiccation de la paille. Ainsi en Écosse elles ne pèsent que de 5 à 6 kilogr.; on y a l'habitude de les lier avec la paille de la récolte elle-même, toute garnie de ses épis. Aux environs de Paris, les gerbes pèsent de 10 à 12 kilogr.; quand elles sont de plus de 15, leur

Fig. 24. — Râteau à cheval.

maniement devient trop pénible pour les ouvriers qui chargent les chars.

Une machine qu'on devrait avoir dans toutes les fermes, parce qu'elle rend des services également grands pour la moisson et pour la fenaison, c'est le *râteau à cheval*. Il est tout particulièrement utile, parce qu'il fait un ouvrage qui était ordinairement laissé aux femmes. Or les ouvrières manquent encore plus que les ouvriers pour les travaux de la campagne; à mesure que le bien-être progresse, les femmes quittent plus rarement leur ménage pour gagner un salaire qui ne leur est plus aussi indispensable qu'autrefois. Un râteau à cheval fait, en moyenne, le même travail que sept ou huit femmes. Un des meilleurs modèles est celui de Howard; il a été perfectionné dans ces dernières années de manière qu'un homme suffise pour le conduire assis sur un siège et faisant manœuvrer les dents au moyen du pied.

Dans une partie de la France et surtout dans les départements du Nord et de l'Ouest, où l'on cultive le plus de blé, on a encore l'habitude de le mettre après la moisson en meules que l'on conserve jusqu'au moment où l'on a le temps de le battre. Pour que les souris n'y fassent pas trop de dégâts, il est bon de construire les meules sur une plate-forme à claire-voie supportée par des pieds en fer qui ont la forme de champignons. Mais ces meules coûtent cher à construire et surtout à couvrir. M. Fiévet, à Masny, dans le département du Nord, estime qu'elles reviennent à 75 centimes par hectolitre de blé et font perdre en sus 1 fr. à 1 fr. 25 sur la paille; il préfère les hangars à toiture fixe en tuiles ou ardoises. Mais, avec neuf ans de bail, un fermier ne peut pas prendre à sa charge la construction de ces hangars, et il est forcé de dépenser ou de perdre chaque année une somme plus forte que les intérêts du capital qui serait nécessaire pour cette construction. C'est le propriétaire qui devrait faire cette construction ou donner au fermier la garantie qu'elle lui sera rachetée à l'expiration du bail.

CHAPITRE XV

Battage et produit.

Les figures gravées sur les monuments de l'ancienne Égypte représentent le *dépiquage* du blé, qui se faisait au moyen de bœufs circulant en rangées bien alignées sur l'aire couverte de gerbes. C'est le procédé qui est encore en usage dans certaines contrées du Sud de la France. On y emploie tantôt des bœufs, tantôt des chevaux. D'après Jaubert de Passa, 24 chevaux et 15 hommes peuvent dépiquer dans une journée 5200 gerbes de 7 kilogr. 1/2 chacune. D'après M. Heuzé, chaque hectolitre dépiqué revient à 2 francs, et il reste beaucoup d'*ôtons* ou grains encore enveloppés.

Homère a décrit le dépiquage des blés dans une de ces images où il aimait à rappeler les travaux des champs : « Tel, dit-il, lorsque les bœufs au large front foulent les épis sur une aire aplanie, ils sont aussitôt mis en débris sous les pieds des bœufs : tel Achille », et un peu plus loin il compare la poussière que soulève le combat des Grecs et des Troyens, à celle que produit le vannage des grains : « Tels, quand on vanne les blés des aires sacrées et que les pailles et les grains, chargés de la poussière de l'aire, sont poussés au loin par le vent qui s'élève ». — Ce ne sont là que des comparaisons poétiques, mais elles nous font connaître les pratiques agricoles des anciens Grecs.

Quant au fléau, il a particulièrement été employé dans les pays du Nord, où l'on ne peut pas dépiquer le blé en plein air et où l'on profite des longs hivers pour le battre dans la grange. Aujourd'hui le bruit cadencé du fléau retentit encore dans beaucoup de nos villages du Nord-Est. Le petit propriétaire s'en sert pour battre son blé quand il n'a rien d'autre à faire. Mais le battage au fléau coûtait dans les grandes fermes de 1/16 à 1/10 du blé, soit de 1 fr. 50 à 2 fr. par hectolitre, et un homme ne pouvait en faire que 180 à 200 litres par jour au plus. C'est à la fois trop cher et trop lent; il faut aujourd'hui viser à la plus stricte économie et chercher à vendre son blé quand le prix est le plus avantageux, ce qui arrive ordinairement après la moisson et avant que les arrivages d'Amérique aient lieu.

Les bonnes machines à battre, mues par un manège à deux chevaux, peuvent livrer de 50 à 60 hectolitres de grain par jour. Celles qui sont mises en mouvement par une machine à vapeur de 6 à 7 chevaux en font plus de 100 hectolitres; le battage ne revient qu'à 30 ou 50 centimes par hectolitre. Avec des machines plus fortes, le travail est encore plus rapide et plus économique. Ainsi M. Desprez, à Cappelle, fait porter ses moyettes, dès qu'elles sont sèches, à une machine Cumming qui lui bat 12 000 kilogr. de blé bien nettoyé par jour. En moins d'un mois il a sa récolte de 65 hectares prête à être livrée aux acheteurs. La machine à battre à grand travail de M. Albaret, à Liancourt, mue par une machine à vapeur de 5 à 6 chevaux, atteint à peu près les mêmes rendements.

Pour les petites fermes il y a des machines à battre à bras ou à un seul cheval qui ne coûtent que de 150 à 180 francs et qui peuvent remplacer avantageusement le fléau. D'ailleurs, les cultivateurs peuvent s'associer dans chaque commune pour acheter ensemble une grande machine où chacun tour à tour, par ordre d'inscription, bat sa récolte. Dans les villages où il y a un cours d'eau à force assez considérable, il faut l'utiliser pour faire mouvoir la machine.

On ne tardera du reste pas à transformer la force des chutes hydrauliques en électricité et à la porter ainsi dans les fermes du voisinage. Quand les fermes sont dispersées, des entrepreneurs spéciaux transportent des machines mobiles de l'une à l'autre pour y battre les céréales au prix de 40 à 60 centimes par hectolitre.

Le poids de la paille varie du double au triple de celui des grains : ainsi, pour 1000 kilogrammes de grain, on obtient de 2000 à 3000 kilogrammes de paille. Dans des cas tout à fait exceptionnels, le poids de la paille peut atteindre quatre fois celui du grain, mais ce sont des cas malheureux, car ils se présentent quand il y a fort peu de grain et, en général, quand la récolte est versée. Comme l'a montré M. Heuzé, le poids de la paille est en moyenne d'autant plus faible relativement à celui du grain, que la quantité de grain est plus considérable. Voici la série qu'il a établie :

Produit en hectolitres par hectare.	POIDS PAR HECTARE		Paille pour 100 kilogr. de grain.
	Grain.	Paille.	
16	1.248	3.600	288
20	1.500	4.000	256
25	1.950	4.500	230
30	2.340	5.000	210
35	2.730	5.500	201

On pourrait compléter ce tableau par les quantités que M. Joulie a déterminées dans quelques fermes de la Brie pour des récoltes de plus de 35 hectolitres :

Produit en hectolitres par hectare.	POIDS PAR HECTARE		Paille pour 100 kilogr. de grain.
	Grain.	Paille.	
40	3.200	5.730	178 (Victoria)
45,6	3.650	5.710	156 (blé de Noé)
51,1	4.090	8.010	195 (Australie)
54,4	4.390	6.680	152 (Bordeaux)
60,7	4.800	10.010	200 (Chiddam).

Dans ces derniers chiffres on voit l'influence de la variété et sans doute aussi celle des engrais employés, mais la proportion de paille décroissante avec l'augmentation du grain s'y montre encore. Nous ne pouvons arriver aux récoltes de 40 à 45 hectolitres à l'hectare qu'à la condition d'employer des variétés de blés à pailles capables de porter de lourds épis sans plier. Or les pailles sont, en général, d'autant plus fortes qu'elles sont plus courtes.

Quant aux balles, elles représentent, en moyenne, le dixième du poids de la paille.

La plus forte récolte de blé que l'on cite a été celle de M. Gilly, près d'Uzès (Gard), qui a obtenu 72 hectolitres à l'hectare, mais c'était avec des soins extraordinaires, en fumant beaucoup, en répandant de la poudrette au pied de chaque plante qui paraissait en arrière des autres (comte de Gasparin).

Le poids spécifique d'un grain de blé est en moyenne :

A l'état humide (avec 27,03 p. 100 d'eau). 1,2820
Séché à l'air (avec 9,42 p. 100 d'eau).... 1,3800
Complètement sec........................ 1,4085

En général, le poids spécifique des grains de blé est d'autant plus grand qu'ils contiennent plus de matières azotées. D'après M. Nowacki :

	Poids spécifique.	Matières azotées.
Blé dur......	1,4264	12,54 p. 100.
— tendre...	1,3533	8,58 —

D'après M. H. Vilmorin, il y a en moyenne 22 grains de blé par gramme; le minimum (blé hybride Galland) est de 12; le maximum (blé de Mars rouge sans barbe) est de 34. Voici quelques chiffres pour les autres variétés : Hérisson brun, 32; carré de Sicile, 29; blé de Mars barbu ordinaire, 25; blé de Hongrie, 32 1/2; Touzelle anone, 24 1/2; Hunter, 26; Redchaff Dantzig, 22; blé de Flandre, 19 1/2; blé de Noé, 17 1/2;

rouge d'Écosse, 23; Hallett, 21 1/2; Hickling, 24; Richelle blanche de Naples, 17.

Ainsi le poids d'un grain de blé varie de 29 à 83 milligrammes; la moyenne est 40 milligrammes.

Quant au poids d'un hectolitre de blé, il dépend non seulement du poids spécifique des grains de blé, mais du volume plus ou moins grand des vides qui séparent ces grains, de la dimension des grains, de leur surface plus ou moins glissante et de leur tassement.

« Tout le monde sait, dit M. J. Reiset dans ses Recherches sur la valeur des grains alimentaires, que des grains de blé placés dans une mesure laissent entre eux plus ou moins d'espace, suivant le procédé employé pour remplir cette mesure. Les grains se placeront très différemment, suivant qu'ils auront été versés lentement ou avec une certaine vitesse; la forme du vase destiné à recevoir le grain pourra exercer une influence; enfin, suivant son degré d'hydratation, le grain sera plus ou moins glissant : les grains humides et ridés laisseront entre eux le plus grand vide.

« L'arrangement des grains se trouvera encore très notablement modifié si l'on détermine un tassement, en ébranlant la mesure pendant qu'on la remplit : on parvient ainsi à augmenter beaucoup le poids d'un volume déterminé de blé. La proportion de grains qui entre dans la mesure par suite du tassement peut s'élever jusqu'à 8 kilogrammes par hectolitre, comme le prouvent les expériences suivantes :

| | POIDS DE L'HECTOLITRE DE BLÉ | | |
Noms des blés.	Mesuré sans tasser.	Mesuré après l'avoir serré par secousses.	Différ.
	Kilogr.	Kilogr.	Kilogr.
Blé du pays................	79,550	86,750	7,200
Gros blé Spalding, 1re exp.	79,200	85,800	6,600
— 2e exp.	79,100	85,800	6,700
— 3e exp.	»	87,040	7,940
— 4e exp.	»	87,920	8,820

D'après Is. Pierre, 1 hectolitre a pesé :

| | Blé chicot. | Franc blé. |
	Kilogr.	Kilogr.
Sans tassement........	76,5	78,8
Après trois secousses..	80,0	82,3
Tassé jusqu'à refus....	84,3	84,7

« Pour arriver à des expériences comparables sur le poids de 1 hectolitre de grain, ajoute M. J. Reiset, voici la meilleure méthode à suivre : Dans un demi-hectolitre ordinaire on verse le grain à la pelle, en ayant soin de ne pas ébranler la mesure. La chute du grain doit avoir lieu, autant que possible, vers le centre du demi-hectolitre, en tenant la pelle à environ 10 centimètres au-dessus de cette mesure; on fait tomber l'excédent du grain en passant une seule fois un rouleau de bois ou le manche de la pelle sur la surface du demi-hectolitre. »

Voici les quantités trouvées par M. Reiset pour la densité, le poids du litre, la contenance en eau, en azote, d'un certain nombre de blés :

NOMS DES BLÉS	BLÉ NORMAL			100 DE BLÉ SEC CONTIENNENT :		GLUTEN OU ALBUMINE
	Densité	Poids apparent du litre	Eau pour 100 de blé	Cendres	Azote	
Pétanielle noire (Poulard, demi-tendre.........	1.290	739.6	14.10	2.14	1,71	10,68
Blé blanc anglais tendre.....................	1.317	767.4	14.47	1,88	1,88	11,75
Blé récolté à Ecorchebœuf en 1850............	1.350	748.8	15.90	1,89	2,03	12,68
Blé de la Charmoise........................	1.350	774.2	14.97	2,10	1,87	11.68
Blé anglais, troisième année d'importation....	1.358	791.6	15.64	1,92	1,97	12.31
Blé Barker's stiff straw importé en 1851.......	1.371	793.3	16.51	1,88	1,83	11.43
Blé blanc de Russie récolté à Neufchâtel.....	1.378	816.0	15.00	1,97	2,03	12,68
Blé Hérisson (blé de Mars, demi-tendre), 1851.	1.380	795.6	13.48	2,19	2,87	17.93
Blé Richelle de Naples, blanc, de mars, 1851..	1.381	801.1	14.13	2,11	2,23	13,93
Blé Victoria de mars.......................	1.381	745.4	15.49	2,02	2,45	15.31
Blé spalding récolté à Ecorchebœuf, 1851.....	1.382	782.3	14.69	2,03	1,98	12.37
Blé Victoria récolté à Ecorchebœuf, 1851......	1.384	784,5	13.27	1,92	1,89	11.81
Blé Xérès très dur.........................	1.384	803.6	13.60	1,91	1,94	12,12
Blé rouge de Russie, septième année d'import.	1.385	795.0	13.65	1.77	1,93	12.06
Blé cultivé aux environs de Pontlevoy........	1.388	775.0	12.81	1,61	2,00	12.50
Blé triménia barbu de Sicile (de mars, dur), 1851.	1.390	803.0	14.25	2,11	2,20	13.75
Nonnette, ou géant de Ste-Hélène, demi-dur, 1851.	1.391	799.8	13.11	1,98	2,09	13.05
Blé Richelle de Grignon (tendre).............	1.396	805.8	14.11	1,87	1,99	12.44
Blé Albert importé d'Angleterre en 1851......	1.398	815.3	16.11	2.13	2,15	13.43
Blé de Pologne (très dur)...................	1.407	746.2	12.20	2.18	2,61	16.31
Moyennes....................	1.379	784.1	14.37	1.98	2,08	13.01

Ainsi, pour les blés examinés par M. Reiset, les poids de l'hectolitre, ce qu'il appelle le *poids apparent*, a varié de 73^{kg},96 à 81^{kg},5; la moyenne a été 78^{kg},41.

A la ferme de Trappes, près de Versailles, MM. Dailly père et fils ont récolté en moyenne par hectare :

	Grain en hectolitres.	Paille et menue paille, en bottes.	Poids de l'hectolitre.	Prix de l'hectolitre.	Prix de 100 bottes de paille.
			Kil.	fr.	fr.
De 1822 à 1832.	25,42	960,77	»	19,44	25,98
De 1833 à 1842.	29,78	758,14	»	18,28	30,18
De 1843 à 1852.	27,28	985,43	»	18,80	22,63
De 1853 à 1862.	26,05	1123,90	74,75	24,12	20,69
De 1863 à 1872.	26,28	665,55	74,50	20,71	32,49
1873	19,75	859,57	76	28,28	28,23
1874	33,76	879,48	74	17,93	30,37
1875	35,83	814,40	76	20,03	48,29
1876	26,43	838,15	78	22,01	32,90

La récolte la plus forte en grain (39^{ha},58) a été faite en 1840; la plus faible (16^{ha},74), en 1871, après l'hiver désastreux qui avait empêché de bien faire les travaux de semailles.

Les bottes de paille à tiges droites, susceptibles d'être vendues à Paris, pèsent 5^{gr},1/2 en moyenne. Les bottes de paille à tiges brisées, consommées à la ferme, pèsent 6 kilogrammes en moyenne; les *bottiaux*, formés par les épis brisés, les tiges courtes qui sortent de la machine à battre et qui servent de nourriture aux moutons, 8 kilogrammes; le sac rempli de menue paille, 10 kilogrammes.

Les différences des récoltes constatées par MM. Dailly proviennent principalement des saisons plus ou moins favorables à la végétation du blé.

Par une coïncidence assez curieuse, la moyenne du nombre de grains que contient un épi est souvent égale au nombre d'hectolitres que l'on récoltera par hectare. Pour déterminer cette moyenne, Pommier a conseillé de prendre, dans le champ de blé, trois grands épis, trois petits épis et trois épis moyens, puis de diviser par 9 le nombre des grains obtenus en égrenant ces épis.

Cette coïncidence provient de ce que la moyenne du nombre des épis de blé qu'il y a sur un hectare se trouve être égale à la moyenne du nombre de grains de blé qui entrent dans un hectolitre : des deux côtés environ 3 millions. Ainsi, pour une moyenne de 25 grains par épi, on a 75 millions de grains par hectare, c'est-à-dire 25 hectolitres.

Il est probable que cette méthode d'appréciation donne des résultats trop faibles quand les grains sont très volumineux et, au contraire, un nombre d'hectolitres trop élevé quand ces grains sont en moyenne petits. Mais, en général, elle ne trompe pas beaucoup.

Dans tous les cas, nous pouvons en conclure que le nombre d'hectolitres récoltés par hectare dépend beaucoup plus du nombre des grains qu'il y a en moyenne dans les épis que du nombre des épis qu'il y a par hectare ; et par conséquent :

1° Ce qui importe le plus pour faire beaucoup d'hectolitres par hectare, c'est de choisir comme semences les grains provenant de beaux épis, c'est-à-dire d'épis ayant beaucoup d'épillets bien remplis.

2° Le nombre de tiges que forme chaque semence ou son aptitude à taller n'est que secondaire. On peut aisément corriger son défaut par des semailles plus épaisses ; son seul mérite est d'économiser un peu de semence, mais il ne faut pas lui sacrifier l'abondance de la grenaison. Or la grenaison est indépendante du nombre de tiges ou d'épis que l'on a par hectare et, dans une certaine limite, elle lui est opposée.

Si vous semez trop épais, vous aurez plus de tiges, mais ces tiges porteront de petits épis ; vous récolterez beaucoup de paille, mais peu de grain.

L'aptitude des variétés de blé à taller est utile dans le cas de semis trop clairs ou éclaircis par les intempéries de l'hiver, etc.; les tiges adventices viennent combler les vides et se développent en raison de ces vides, sans compromettre, comme dans les semis épais, la beauté des épis.

3° La profondeur de la couche de terre meuble et riche en engrais dans laquelle les racines du blé peuvent se développer contribue à donner aux épis le nombre de grains qui fait les belles récoltes. La variété prédispose ces épis à avoir beaucoup d'épillets fertiles; mais les ovaires fécondés de leurs fleurs ne peuvent se transformer en grains que si le sol a fourni à la plante les matières nutritives qui doivent les remplir.

De plus, il faut que les conditions météorologiques de l'année aient fourni aux plantes assez d'eau pour absorber ces matières nutritives et assez de soleil pour tirer de l'atmosphère le carbone nécessaire à la formation de l'amidon de la graine.

Quelque disposée qu'elle soit à bien grener, une variété de blé ne donnera beaucoup d'hectolitres que si elle est semée dans un sol assez fertile pour subvenir à ses besoins, et, réciproquement, quelque riche que soit un terrain, il ne fournira des récoltes de blé abondantes que si on utilise cette richesse par des variétés capables de porter de lourds épis sans verser.

Coulommiers. — Imp. P. BRODARD et GALLOIS.

9 782013 032575